IT 技術者を目指す人の

情報セキュリティ入門

松田勝敬 著

コロナ社

ま　え　が　き

　現在の高度情報化社会において，情報システムは日常的に誰もが接している
ものになった。携帯電話に始まりその発展したデバイスであるスマートフォン
の普及により，ネットワークに接続されている情報端末を 1 人 1 台以上つねに
身につけている状況である。また AI などのブームが再来し，国を挙げて DX
（digital transformation）の推進もされている。

　この状況を支えるべき IT 業界も人手不足で，多くの企業で IT 技術者や IT
技術者を目指す人を採用したいが人が集まらないという話を聞く。IT 技術者
の募集要項には「学部学科不問」と記されていることをよく目にし，情報系の
勉強を専門にしていなかった人も IT 技術者として働いている。

　IT 業界は，電子計算機ができておよそ 80 年，インターネットができておよ
そ 50 年，と他の業界に比べると新しい業界といえる。現在では IT 業界（情報
通信産業）は日本でも国内総生産の 1 割を占める業界となっている。

　この IT 業界の特徴の一つは，国家資格などに制限されずに仕事に就けるこ
とである。不動産取引では宅地建物取引士，医者になるには医師免許，建物の
設計では建築士など，特定の資格をもっていないと仕事ができないことがある
業界が多いが，IT 業界は資格をもっていなくても IT 技術者としていろいろな
仕事に就けるのである。

　また IT 業界は同じ業界の中でも多種多様な業務内容があることも特徴であ
る。一般的には IT 業界で働く人は，机に座ってパソコンに向かってプログラ
ミングをする人を思い描く人が多いのではないだろうか。実際は IT 業界のす
べての職種でプログラムを作るわけではなく，プログラムを作る人も他の業務
をしている割合のほうが多かったりするのである。構築する情報システムも金
融システムなのか，輸送管理システムなのか，組込みシステムなのか，スマー

トフォンのアプリなのか，ネットワークゲームなのか，Web アプリなのか，などさまざまである。プログラミング言語も COBOL なのか，Java なのか，C なのか，Kotlin なのか，Swift なのか，C# なのか，Java Script なのかなどいろいろある。ネットワーク構築では機器の設定はするが，プログラミングはしない職種もある。新人のときはプログラマーでも経験を積んでいくと Project Leader や，Project Manager と呼ばれる仕事をするようになり，プログラミングをする人たちの管理者になってしまう。元プログラマーが同じ職場で監督業になってしまい，プログラミングはまったくしなくなってしまう業界でもある。

　このような業界でも必ず一定レベルの知識をもっていないといけないことは情報セキュリティについてである。本書では，IT 技術者を目指す人が勉強しておくと IT 業界で働いているといつかどこかで役に立つ情報セキュリティの内容を，著者の経験も踏まえて解説している。本書は入門書のため，取り上げた内容についてもっと深く学ぶには原典やその分野の専門書などをあたって勉強していただきたいが，IT 技術者としてある程度仕組みまで理解しておいたほうがよいことは少し詳しく解説している。また解説している内容が，IT 技術者になったときにどのように実務に関係してくるのか，少しでも見えやすくするように実例などを交えて解説した。

　また，本書は理系の情報系の学科ではさまざまな授業で習っているであろう内容はある程度理解していることを前提に説明している。それらを勉強したことがない場合や忘れかけている場合は，その分野の専門書などである程度理解して本書に戻ってきてもらいたい。

　本書で学んだ方が IT 業界で働くようになり，少しでも情報システムで不幸になる人が減ることを願っている。

　2024 年 2 月

松田勝敬

目 次

1. 情報セキュリティの概要

2. 情報システムに関する脅威

3. 暗　　　　号

4. 認　　証

5. ネットワークセキュリティ

6. アプリケーションセキュリティ

7.　物理的なセキュリティ対策

8. 予 防 技 術

9. 情 報 漏 洩

10. セキュリティマネジメント

11. セキュリティ関連法規と標準

1

情報セキュリティの概要

1.1　情報セキュリティとは

　現在は情報システムが広く一般的に普及しており，全世界的に共通の仕組みがもとになって構成されている。そのため「情報セキュリティ」の定義についても国際機関や国際的な規格で記載されている。例えば経済協力開発機構（OECD）から1992年に出された「Guidelines for the Security of Information Systems[1] †（情報システムのセキュリティに関するガイドライン）」にて定義されていたが，2002年の改定で削除されている。現在はISO/IEC 27000:2018[2]の3.28 information security に記載されている内容が情報セキュリティの定義とされている。

　そこでは情報セキュリティとは，「preservation of confidentiality, integrity and availability of information」となっており，「情報の機密性，完全性，可用性を保全すること」である。さらに追加事項として「In addition, other properties, such as authenticity, accountability, non-repudiation, and reliability can also be involved.」とあり，「情報の真正性，説明可能性，否認防止性，信頼性の保全も係ることがある」となっている。これらの特性が損なわれる事件や事故は「セキュリティインシデント」と呼ばれる。

1.1.1　情報セキュリティに関する特性

　機密性とは秘匿性ともいわれ，認められて許可されたユーザーのみ情報にア

---

† 　肩つき数字は巻末の引用・参考文献を示す。

クセスできるようにすることである。完全性とは一貫性ともいわれ，情報が改
竄されないようにして，完全で正確であることを保護することである。可用性
とは利用可能性ともいわれ，認められて許可されたユーザーの必要な情報への
アクセスを確実にすることである。

　真正性とは，記録された情報に対しなりすましなどが行われておらず正しく
記録されていることを保証できることである。説明可能性とは，動作や操作が
記録などをもとに説明ができることである。否認防止性とは，ある動作や操作
について後から否定できないようにすることである。信頼性とは，意図したと
おりの動作や操作ができることである。意図した行動と結果が一貫しているこ
とともいえる。

1.1.2　情報セキュリティ対策と利便性

　情報システムのセキュリティ対策では，さまざまな技術を用いてこれらの特
性を保全，維持する機能を実装することになる。そのような機能を実装する
と，使いにくく手続きや操作が面倒になってしまうことが多い。情報セキュリ
ティ対策をすることは，システムの利便性を低下させ，対策のためのコストも
発生することが多い。

　しかし，セキュリティ対策を怠るとインシデント発生時に大きな損害が発生
することがある。実際の情報セキュリティ対策は，限られたコストの中で必要
最低限の対策を施し，ある程度以上の脅威に対しては被害の発生も覚悟した内
容となる。完全なセキュリティ対策を施すことは非常に難しいので，どこまで
対策ができているか把握して，関係者に説明をしておくことが重要である。

1.2　セキュリティとリスク

　リスクとは一般的に危険や将来的に被害や損失を与えるものである。情報セ
キュリティにおけるリスクは，情報資産，脆弱性，脅威を掛けたものであり，
これら三つが存在することによって現れるものである（**図 1.1**）。

図 1.1　情報資産×脆弱性×脅威＝リスク

　セキュリティとリスクはたがいにトレードオフの関係であり，どちらかが高まると一方は低くなる。情報セキュリティを高めることは，リスクを下げることで実現することができる。対策を施してセキュリティを高めることと，リスクを下げてセキュリティを高めることの両方から検討し，コストが低く実施しやすいことから取り組むとよい（**図 1.2**）。

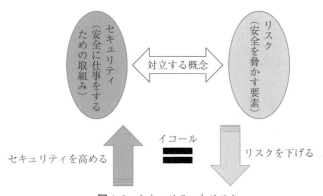

図 1.2　セキュリティとリスク

1.3　情　報　資　産

　情報資産（information asset）とは，情報そのものや情報を記録したものなど，守るべきものである。コンピュータや記録媒体だけでなく，その他の機材や書類，人財なども含めて，失われたり損なわれたりすると損害が発生するも

のが情報資産である。

　情報資産は有形資産と無形資産に分けることができる。

1.3.1　有　形　資　産

　有形資産は情報を記録する記録媒体や記録媒体を読み込んだり書き込んだり
する機器類，コンピュータやネットワークシステムの設備などである。コン
ピュータや通信機器などのハードウェアおよびソフトウェア，それらに関する
マニュアルなどの文書なども有形資産である。さらに，これらが設置されてい
る建物や部屋，電源設備や空調設備を含んだ建物なども有形資産となる。さら
に，組織を構成する人材も有形資産に含まれる。

　情報セキュリティというと，コンピュータやネットワークシステム，それら
で用いるハードディスクや USB メモリなどの記録媒体が思い浮かぶが，情報
が書かれている紙やマイクロフィルムなども有形資産である。

　IT 業界はパソコンなどとそれらを設置する机などがおもな設備であること
が多く，データセンターなどを除くと工場などの大規模な敷地や設備をもたな
い企業が多いことが特徴である。

1.3.2　無　形　資　産

　無形資産は各種情報自体やプログラムなどである。学校であれば学生や生徒
の成績などの情報，企業であれば顧客情報や経営情報である。さらに，組織の
イメージや信頼，評判，知名度なども無形資産となる。研究成果や構成員の技
術力，ノウハウなども無形資産に含まれる。

1.4　脆　　弱　　性

　脆弱性（vulnerability, hazard）とは，安全を脅かす欠陥や，つけ込まれる
と被害が発生する弱いところである。脅威となるものが脆弱性を狙い資産を
奪ったり，破壊したりする。情報システムは複雑なシステムであるので，脆弱

性をなくすことは非常に難しく，現実的ではない。当初はわからなかった脆弱性が，利用していたり時間が経過したりすると，表面化することもある。また，情報システムを利用する人や，構築や管理する人が脆弱性になることも多い。

　情報システムやそれを構成するソフトウェア，ハードウェアの設計や構造上の欠陥やバグなどによる脆弱性を「セキュリティホール」と呼ぶ。セキュリティホールがあると，通常時は正常に動作しているが，ある状態や条件を満たすと不具合の発生や誤動作などの想定外の動作をする。セキュリティホールによる誤動作を利用して，不正アクセスなどを実現することもある。

　ある程度の規模の情報システムではセキュリティホールを完全になくすことは難しいが，設計や構築時からセキュリティホールを作らないように考慮することが重要である。

1.5 脅　　　　威

　脅威（threat, peril）とは，情報資産を脅かす存在である。悪意をもって資産を不正に取得したり，破壊したりするものだけでなく，悪意をもたない脅威も存在する。

　情報セキュリティでは，セキュリティ対策機器の導入や災害対策など，技術的脅威や物理的脅威に対して備えるだけでなく，人的脅威に対する対策も重要である。特に悪意のない行為による脅威についても，システム設計時から考慮しておくことが重要である。悪意の有無にかかわらず情報セキュリティでは人が原因になることが多く，対策もとても難しい。組織全体で無知や技術力不足の状態になると改善されることがないため，現場の担当者だけでなく特に上司や管理，執行部などがある程度以上の知識や判断力をもつことが必要である。

1.5.1 脅 威 の 分 類
　脅威はおもに「物理的脅威」，「技術的脅威」，「人的脅威」に分類することができる。また「自然災害による脅威」を加えた4種類に分類することもある。

物理的脅威とは，機材の破壊や動作不能にするなど，物体に直接被害を与える脅威である。技術的脅威は，不正アクセスやマルウェアなど技術的な欠陥を利用する脅威である。人的脅威は，利用者や管理者などの人の行為によって発生する脅威である。悪意のある行動による脅威だけでなく，うっかりミスなど悪意のない行動による脅威もある。悪意のない行動による脅威を「人為的エラー」と呼ぶ。

1.5.2 災　　　害

「災害」は人的脅威による「人為的災害（人災）」と「自然災害」に分けることができ，「自然災害による脅威」は異常な自然現象によって被害が発生しうる脅威であり，おもに「地震対策」，「水害対策」，「雷対策」，「火災対策」に分類できる。

災害の情報源として各自治体などで自然災害に対する「ハザードマップ」が作成され公開されていることが多い。特に地震や水害やそれらに伴う津波や洪水，土砂災害などの情報がまとめられている。情報セキュリティというと，サイバー空間での攻撃や暗号化などが思いつくが，自然災害などの災害への対策も重要であり日頃からこれらの情報についても把握しておくべきである。

レポートワーク

【1】　自分の身の回りに起きた，情報セキュリティに関する出来事について，列挙せよ。
　（例）　登録していない有料サイトの料金を請求する画面が出た。
　　　　ウイルス対策ソフトがウイルスを見つけた。
　　　　自分の子供からお金を振り込んでほしいと，電話があり，振り込んだら詐欺だった。
【2】　自分の身の回りにある情報資産について，それに対する脆弱性と脅威を，列挙せよ。
【3】　各自がもっている情報資産について，重要度を大中小に分けて列挙せよ。

2

情報システムに関する脅威

2.1 人 的 脅 威

　情報システムに対する脅威で最も重要であるのは人である。悪意のある人だけでなく，悪意のない人も大きな脅威である。悪意のない場合でも，うっかりミスや無知や怠慢によって情報システムに不具合が発生したり，運用が停止してしまったり，利用ができなくなることもある。ここでは，悪意のある人である攻撃者や攻撃者による人的脅威について説明する。

2.1.1　攻撃の動機の変遷

　1980 年代にジョークプログラムなどのマルウェアやコンピュータウイルスと呼ばれるプログラムが出現するようになった。自己複製機能などのプログラムやコンピュータの動作を試してみたり，決まった時刻に音楽を鳴らしたり花火の画像が表示されたりと変わった動作を起こして驚かせること目的としたものが多く，興味本位や悪戯などが作成の動機といえる。また，自分の技術力を見せたいなどの，自己顕示欲も動機の一つである。2000 年代になると「Code Red」のように DDoS 攻撃を実行したり，「Bagle」のようにボットネット（botnet）を構成してスパムメール送信を実施したりするなど，マルウェアの作者が利益を得る目的で作られるものが出現している。2021 年頃からは身代金を目的としたランサムウェア（ransomware）による被害も多くなっている。マルウェアだけでなく，情報システムに関する攻撃の動機は，対象が無差別の

興味本位や悪戯，自己顕示欲などから，収益などを目的としたものが増えてきた。また，国家間やさまざまな組織間の対立や対抗，政治的社会的思想の違いによる相手への攻撃手段として，情報システムを用いることや，相手の情報システムへの攻撃であるサイバーテロ（cyber-terrorism）も増えている。ランサムウェアやサイバーテロの場合は，攻撃対象を限定して攻撃が行われる。現在では情報システム政府組織などの大規模な組織が攻撃を行っているといわれ，集団で攻撃を実施するグループが存在しているともいわれている。

2.1.2　人的脅威の種類

不正アクセスなどの利用者が権利をもっていない機能を不正に利用することを不正利用，不正行為という。情報システムには利用者に与えられた権利を越えた機能を利用できないようにしたり，不正利用をできないようにしたりする機能を実装する必要がある。

不正の意図がなく動作を間違えることを誤操作という。誤操作をなくすことは難しいので，誤操作を防ぐ構成や誤操作をしても被害を最小限にするか被害の範囲が広がらないようにする対策が重要である。誤操作の対策は，情報システムの設計時から考慮する必要がある。

情報が記録されているメディアをうっかりなくしてしまうことを，紛失という。USB メモリやノートパソコンをどこかに置き忘れたりすることは紛失である。紛失は情報漏洩につながることがあるので，注意が必要である。紛失が起きないように，重要な情報が記録されているメディアやノートパソコンなどは持ち出せないように規則や運用方法で制限することが必要である。

情報が壊れてしまい利用することができない状態になることを，破損という。機器の故障だけでなく，意図的に情報を消去したり改竄したり，情報が記録されているメディアや機器を破壊することでも破損が生じる。情報の破損に対する対策としては，バックアップや冗長構成などがある。ランサムウェアなどによる意図的な破損に対してもバックアップは有効であることが多い。

人間の心理的な隙などを利用し，技術的な手法を用いずに情報を盗み取るこ

とをソーシャルエンジニアリングという。ショルダーハッキングや，トラッシング，なりすましなどがソーシャルエンジニアリングである。コンピュータを操作している人の後ろから肩越しに操作の手元や画面を見て情報を盗む，ショルダーハッキングは特殊な装置や準備がなくても手軽に行えるソーシャルエンジニアリングである。ショルダーハッキングに対しては，視野を制限するシートをディスプレイに貼り，横から画面を見えないようにするか，パスワードなどの入力時は他人が見ていないことを確認するなどの対策が有効である。マナーとして日頃から他人がパスワードなどを入力しているときは，視線を大げさにそらして手元や画面を見ないようにする習慣をつけておくとよい。席を離れるときには，短時間でもパソコンなどのスクリーンセーバーを実行して画面表示を切り替えるか，パスワードを入力しないとスクリーンセーバーが終了しないなどの対策をしておくことも重要である。

　シュレッダーで処理された紙やゴミとして捨てられたものなどから情報を得ることはトラッシング，スキャベンジングと呼ぶ。重要な書類はシュレッダーではなく溶解や専門業者に処理を依頼するなどの対策をとり，ゴミによって捨てるか処理をする方法を規則と仕組みで整備しておくことが必要である。

　第三者が他人を装い，本人と誤認させて情報を盗むことをなりすましという。情報システムの管理部門や警察などのふりをして，パスワードなどの情報を聞き出したりすることである。逆に組織の人間のふりをして管理部門にパスワードを再発行して不正に取得することもなりすましの手口である。電話を使った犯罪であるオレオレ詐欺などの特殊詐欺もなりすましを利用している。

2.1.3　無知や技術力不足

　情報システムについてそれぞれの立場で必要な知識をもっていないことや，技術力が足りないことも人的脅威の一つである。人的脅威の中でも無知や技術力不足は対策や対応が非常に難しい。情報セキュリティ対策は専用の機器を導入したり規則を作ったりするが，知識や技術が不足しているとこれらの対策が正しく機能しなかったり不足していたり，そもそも対策がとられなかったりす

る。インシデントが発生したり脆弱性が顕在化するまで気がつかないことになるので，被害が出るとさらに広がったり規模が大きくなってしまう。インシデントの原因を正しく把握し再発防止の対策をすることもできないので，同じインシデントが繰り返し発生することになる。

　情報システムの管理者や担当者および利用者，また技術的な担当者だけでなく担当者の上司や上長をはじめ組織の執行部を含め組織全体で，知識と技術力を保持している必要がある。情報システムのセキュリティは管理部門や担当者だけに任せるのではなく，組織全体で取り組みそれぞれの立場で必要な範囲は理解しておくべきである。

　残念ながら現在のIT業界では技術力が不足している企業や技術者も少なくない。インターネットも当初は，セキュリティ対策は現在ほど考慮されていなかったこともあり，IT業界でも動けばよい，できればよいという考えの場合がある。例えば，Webサイトの構築ではSQLインジェクションやクロスサイトリクエストフォージェリなどさまざまなセキュリティ対策を考慮してHTMLやスクリプトの記述をすべきであるが，きれいなページが表示されればよい，快適に使えればよいということを優先し，セキュリティ対策が実施できていないこともある。Webサイトを構築するには，HTMLやCSS，スクリプトを用いてうまく表示されるだけではなく，不正な動作をさせない入力対策やプログラムの記述方法も知っておかなければならないのである。

　また，情報システムを構成しているネットワーク機器のOSのバージョンアップをしていなかったため，既知の脆弱性を利用して不正アクセスが発生した場合には，OSのバージョンアップをすることだけが対策ではない。OSのバージョンアップをせずに放置した担当者やその上司，管理部門に問題があるので，人員の教育や交代，規則の制定や遵守させる仕組み作りなどの対策も必要なのである。

2.1.4　ゼロトラスト

　攻撃者を組織の外部と内部に分けて考えると，以前は外部からの攻撃に対し

て組織の情報システムを防御するという考え方が中心であった。組織外部の攻撃者が物理的に侵入することや，ネットワークへの不正アクセスなどでの侵入を想定したさまざまな防御対策がとられてきた。スマートフォンの普及や新型コロナウイルス感染症（COVID-19）による 2020 年からの在宅でのテレワークの急速な普及などにより，現在では組織内部の情報システムに社員や学生などの組織内部の者が個人所有のコンピュータを接続して使うことが多くなった。このように個人所有のコンピュータやデバイスを持ち込んで，組織の情報システムに接続して使用することを BYOD（Bring Your Own Device）という。BYOD を許可するかどうかは，各組織に規定などによるが，現在では多くの組織で認められるようになった。このような利用環境では，持ち込まれたコンピュータやデバイスのセキュリティ対策は個人によって異なるため，セキュリティ対策が十分でないコンピュータが情報システムの内部に存在していると考えるべきである。そのため，組織の外部からの攻撃だけでなく，組織の内部の機器からの攻撃にも備える必要がある。組織の内部からの攻撃にも備える考え方を「ゼロトラスト」という。

2.2　技 術 的 脅 威

　情報システムに対する技術的脅威は，技術的な原因で損失が発生するものと悪意のある第三者が技術的な手法を用いて損失を発生させるものがある。後者は人的脅威にも関係し，人的脅威の中の悪意がある場合の内容で技術的要因も含まれると技術的脅威にもなる。

　技術的な原因によるものは，情報システムの設計時の誤りなどや，プログラムに含まれるバグなどによる不具合から，データが消えたり正常な動作をしなくなったりすることである。また，技術の発達や進歩による安全性の低下なども含まれる。コンピュータの計算速度が向上し，短時間で暗号化方式や鍵が見つかるようになったことなどが該当する。

　悪意のある第三者が技術的な手法を用いるものは，不正アクセスや盗聴，な

りすましなどである。不正アクセスからは，改竄や消去，窃取，破壊などにつながることもある。マルウェアも技術的なセキュリティホールなどを突いて不正な動作を行うので，技術的な脅威の一つである。

2.3 マ ル ウ ェ ア

ユーザーの望まない不正な動作を行うソフトウェアをマルウェア（malware）と呼ぶ。malicious（悪意のある）と software（ソフトウェア）を組み合わせた造語である。マルウェアは感染形態から「（コンピュータ）ウイルス（virus）」，「ワーム（worm）」，「トロイの木馬（Trojan horse）」に分類できる。

2.3.1 コンピュータウイルス

コンピュータウイルスは単体では動作せず他のファイルにくっついて寄生し，さらに他のファイルへも寄生を繰り返して増えるマルウェアである。実行ファイルなどにウイルスのプログラムが追加され，寄生された実行ファイルが実行されるとウイルス部分のプログラムも実行され，ウイルスが活動する。初期のマルウェアはウイルスによる被害が多かった。

2.3.2 ワ ー ム

ワームはプログラム単体でファイルとして存在し，自己をコピーして増える。現在の多くのマルウェアは，ワームである。単体のファイルであるため OS などの設定ファイルなどさまざまなファイル名に偽装したりする。電子メールに添付されて送付されることもあり，メール閲覧時に添付ファイルとして送信されてきたワームを実行してしまい感染してしまうことがあるので注意が必要である。

2.3.3 トロイの木馬

トロイの木馬は，有用なプログラムを装ってユーザー自身によって，システ

ムへ導入し，起動されることを狙うマルウェアである。ギリシャ神話に出てく
る敵を欺いたトロイア戦争における木馬をもとに命名されたワームである。

2.4 マルウェアの目的からの分類

マルウェアが作成された目的からの分類では「スパイウェア（spyware）」，
「アドウェア（adware）」，「ランサムウェア（ransomware）」，「スケアウェア
（scareware）」に分類できる。それぞれについて解説する。

2.4.1 スパイウェア

スパイウェアは，ユーザーのコンピュータに保存されている情報を収集する
ことを目的としたマルウェアである。個人情報などを取得してネットワークを
通して収集したり，コンピュータの動作内容，スマートフォンなどの位置情報
などの行動履歴なども収集したりする。

2.4.2 アドウェア

アドウェアは，ユーザーに広告を提示することを目的としたマルウェアであ
る。広告の提示だけでなく，広告を見せることによって広告収入を得るための
ものもある。Web 閲覧をしているときに意図せずインストールされることも
ある。Web ブラウザを起動すると，勝手に広告が表示される場合や，設定し
ていないWebサイトが開いてしまう場合にはアドウェアが原因の場合がある。

2.4.3 ランサムウェア

ランサムウェアは，感染した情報システムのファイルをパスワード付き圧縮
ファイルにして人質とし，元に戻すパスワードについて身代金（ransom）を
要求するマルウェアである。2021 年頃からランサムウェアによる被害が拡大
しており，特定の企業や組織を狙ってソーシャルエンジニアリングなどの手段
を用いて感染させることもある。身代金を払っても正しいパスワードが得られ

る保証もなく，日頃からバックアップを取得しておくなどの対策が重要である。

2.4.4 スケアウェア

スケアウェアは，虚偽の情報を提示して不安を煽り，偽のソフトウェアなどを購入させたりするマルウェアである。ユーザーのコンピュータの画面に突然ウイルスに感染した旨の表示を行い，対策ソフトへのリンクなどとしてフィッシングサイトなどに誘導する。

2.4.5 マルウェアによる被害例

2017 年 3 月に Microsoft Windows の緊急更新プログラムが公開された[3]。この更新内容は，「攻撃者が細工されたメッセージをサーバに送信すると，リモートで操作される」という内容であった。2017 年 5 月にランサムウェア WannaCry の感染が広がった。このランサムウェアは上記の脆弱性を用いて侵入し遠隔操作して，C&C（Command and Control server）から不正なファイルをダウンロードして実行させるものであった。感染すると多言語に対応した脅迫画面が表示され，Bitcoin で身代金の支払いを要求する。

WannaCry は，すでに発表されていた既知の脆弱性を用いたマルウェアで，すでにその脆弱性に対する修正ファイルも公開されていた。修正ファイルの適用や日頃からバックアップを取得しておき，ネットワーク接続が必要ないコンピュータは，ネットワークに接続しないなどの対策が有効である。

レポートワーク

【1】 なぜマルウェアが多く発生しているかについて調べよ。
【2】 最初のマルウェアと考えられるものについて調べよ。
【3】 最近起こったマルウェアの被害について調べよ。

3

暗　　　号

3.1　暗　号　技　術

　情報を通信でやりとりするときに，秘密保持の観点から第三者に内容を知られないようにすることが多い。その手法の一つに情報の暗号化がある。暗号化とは，平文に対してある規則を用いて暗号文を作成することである。暗号文を平文に戻すことを復号という。暗号文から平文の推測が難しく，時間がかかる規則を用いることがよい暗号化である。

　暗号化と復号に用いる規則を暗号方式，そのときに用いる符号を暗号鍵と呼ぶ（**図 3.1**）。暗号化に用いる鍵と復号に用いる鍵は，暗号化の手法によって同一の場合と異なる場合がある。暗号化と復号に同一の鍵を用いる手法は「共通鍵暗号方式（対称鍵暗号方式）」，暗号化と復号に異なる鍵を用いる手法

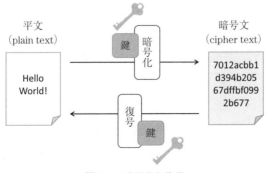

図 3.1　暗号化と復号

は「公開鍵暗号方式（非対称鍵暗号方式）」という。暗号方式は一般的に数式などで表すことができ，情報システムではプログラムで実装され，暗号鍵は複数の文字や記号，数字から構成される。暗号化の仕組みとして，暗号文は必ず平文に復号することができなくてはならない。つまり，すべての暗号文は時間をかければ復号することができる。さらに暗号方式や鍵を知らない場合に，復号の規則を見つけることや，復号するための時間や計算機のリソースを用いるコストが高い暗号方式や鍵を使うことが求められる。

　情報システムでは，暗号化および復号はコンピュータがプログラムとして実行するため，コンピュータの高性能化により暗号化や復号にかかる時間が短くなっている。それだけでなく，以前は暗号方式や鍵が不明な場合に，現実的な時間内に暗号方式や鍵を見つけることができなかったが，現在では以前より短い時間で鍵を見つけることが可能となることが起こっている。CPU の処理能力の向上やメモリやストレージの増大により，暗号化手法が考案・実装された当時のコンピュータの能力では数年かかるといわれていた暗号の解読が，数分や数秒でできてしまうようになっている。そのため，そのような暗号化の手法を用いると，鍵を知らない場合でも不正行為を実施するのに見合うコストで暗号方式や鍵を見つけてしまい，暗号文から平文を復号できてしまう。

　そのため，コストが掛かるように新しい暗号化手法を実装することや，計算に用いるパスコードの文字数を増やすことが行われている。暗号化は現在の通信インフラでは必要不可欠な技術となっているため，新しい暗号技術に対応するためにプログラムやシステムの入れ替えや，サーバや端末などの機器の更新などが必要である。情報システムを運用する場合には，用いている暗号技術を把握してシステム更新が必要になった場合には，すぐに更新を実施しなくてはならない。

3.2　共通鍵暗号方式

　暗号化と復号に同じ鍵を用いる方式を「共通鍵暗号方式（対称鍵暗号方式）」

という。建物や部屋のドアの錠は締めたときに鍵をかけて，開けるときも同じ
鍵を使って錠を開ける。このように錠を締める（暗号化）ときと解錠（復号）
するときに同じ鍵を使う暗号方式が共通鍵暗号方式である（**図 3.2**）。

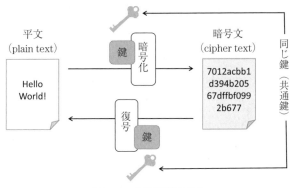

図 3.2　共通鍵暗号方式

　共通鍵暗号方式の実装技術では，1976 年に考案され 2023 年ごろまで使われ
ていた「DES（Data Encryption Standard）[4]」，初期の無線 LAN や Web などの
暗号化通信でも使われていた「RC4（Rivest Cipher or Ron's Code 4, ARCFOUR
Algorithm）」，「RC5」や無線 LAN で使われている「AES（Advanced
Encryption Standard）」などがある。

　共通鍵暗号方式は処理を高速に行うことができるため，暗号化通信ではよく
用いられているが，「鍵配送問題」の解決が必要であることと，ユーザー数に
対して指数関数的に増加する鍵数の問題がある。

　共通鍵暗号方式は，鍵が漏洩してしまうと鍵を知った第三者でも暗号をすぐ
に復号できてしまい，暗号が破られてしまう。そのため，鍵は関係者以外に知
られないように厳重に管理しなければならない。同じ鍵を使って暗号化と復号
を行うため，暗号化と復号をする両者が同じ鍵を知っている必要がある。共通
鍵暗号方式を用いて暗号通信を利用するときは，何らかの方法で安全に暗号化
をする側と復号をする側の両方が，暗号通信を始める前に同じ鍵を入手して共
有しておく必要がある。

　一般的に暗号化通信を用いなければならない場合は，第三者に知られたくな

い情報をやりとりするために暗号化通信を利用するので，暗号化通信を始める前に第三者に知られないように事前に鍵を相手に届けるには，何らかの別の安全な手法を用いなければならない。この鍵自体を事前に安全に共有しなければならない問題を「鍵配送問題」という（**図3.3**）。鍵配送問題の解決方法は，安全に鍵を事前共有することである。以前はディフィー・ヘルマン（Diffie-Hellman）鍵交換方式などがあったが，現在は公開鍵暗号方式の技術を用いた鍵配送センター（key distribution center）を構築する方法が用いられている。

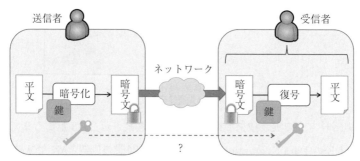

図3.3　鍵配送問題

　共通鍵暗号方式で暗号通信を行うには，ユーザーごとに鍵を作成しないといけないため，ユーザー数の2乗で鍵数が増える。2人のユーザー A，B間では一つの秘密鍵が必要であるが，3人のユーザー A，B，CではA と Bの通信用，A と Cの通信用，B と Cの通信用の三つの秘密鍵が必要である。4人のユーザー A，B，C，Dでは，A と Bの通信用，A と Cの通信用，A と Dの通信用，B と Cの通信用，B と Dの通信用，C と Dの通信用の六つの秘密鍵が必要であ

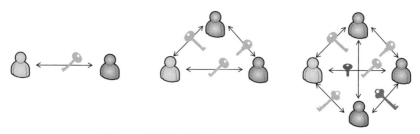

図3.4　共通鍵暗号方式のユーザー数と鍵の数

る（**図 3.4**）。ユーザー数を n，そのときに必要な秘密鍵の数を K_C とすると，$K_C = n(n-1)/2$ となる。この式は $K_C = n(n-1)/2$ となり，ユーザー数の 2 乗で増加する（**図 3.5**）。

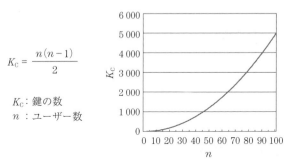

$$K_C = \frac{n(n-1)}{2}$$

K_C：鍵の数
n ：ユーザー数

図 3.5 共通鍵暗号方式の鍵数の増加

3.3 公開鍵暗号方式

暗号化と復号に異なる鍵を用いる方式を「公開鍵暗号方式（非対称鍵暗号方式）」という。暗号化用の鍵と，復号用の鍵があり，それぞれ異なる鍵を一組で用いる方式である（**図 3.6**）。暗号化用の鍵を公開鍵（public key）と呼び，公開鍵とペアになっている復号用の鍵である秘密鍵（private key）を組で用いる。受信者が作成した秘密鍵は厳重に管理する必要があり，第三者に知られて

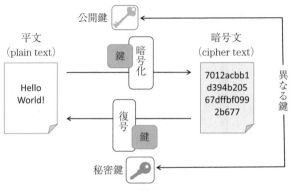

図 3.6 公開鍵暗号方式

はいけない。公開鍵は名前のとおり，暗号文を送信する送信者に公開をして，送信者に暗号化をしてもらう。送信者は暗号文を受信者に送付し，受信者は受け取った暗号文を秘密鍵で復号する。公開鍵では暗号化はできるが，復号はできない。また，公開鍵と一組となっているペアの秘密鍵でないと復号はできない。

　公開鍵暗号方式の実装技術としては，RSA 暗号，ElGamal 暗号，楕円曲線暗号などの暗号方式がある。例えば，RSA 暗号は大きな素数どうしの掛け算は現在のコンピュータでは簡単に計算することができるが，その答えを素因数分解して元の素数の組を求めることは難しいという，計算の一方向性を利用している。

3.3.1　公開鍵暗号方式の流れ

公開鍵暗号方式の利用の流れはつぎのとおりである（**図 3.7**）。

① 暗号文の受信者が一組の公開鍵と秘密鍵を作成する。

② 暗号文の送信者に公開鍵を配布する。

③ 送信者が平文（安全に送りたい内容）から受信者の公開鍵を用いて暗号化し，暗号文を作成する。

④ 送信者が暗号文を，受信者に送信する。

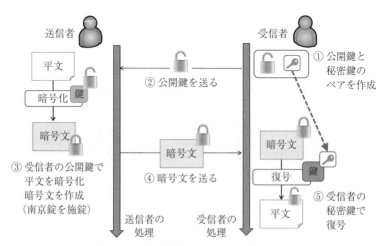

図 3.7　公開鍵暗号を利用した通信の流れ

⑤ 受信者は受け取った暗号文を，組になった秘密鍵で復号する。

⑥ 受信者が平文を確認する。

　締める鍵と開ける鍵が異なり，さらに鍵を公開するというと，不思議な感じがするかもしれないが，南京錠にたとえることができる。南京錠は，専用の南京錠の鍵で解錠することができる。解錠された南京錠は，ツルの部分を押すことにより施錠することができる。公開鍵暗号方式を南京錠で例えると，解錠されている南京錠が公開鍵となり，南京錠を解錠する鍵が秘密鍵に対応する。秘密のものを箱などに入れて送ってもらいたい受取人（受信者）は，南京錠と鍵を用意する（公開鍵と秘密鍵の作成）。秘密のものを送ってもらいたい受取人は，解錠された南京錠を秘密のものを送ってくれる人（送信者）に渡す（公開鍵の配布）。秘密のものを送る人は，箱に秘密のものを入れてその箱を南京錠で施錠する（暗号化，暗号文の作成）。秘密のものが入った南京錠で施錠された箱を，秘密のものを受取人宛に送付する（暗号文の送信）。秘密のものが入った箱を受け取った受取人は，南京錠の鍵を使って施錠されている南京錠を解錠する（復号）。受取人は箱の中の秘密のものを手に入れることができる（平文を確認）（**図 3.8**）。

- 公開鍵（public key）：暗号化用の鍵
  - 誰に知られても構わない
  - 暗号化したものはペアとなる秘密鍵でのみ復号可能
- 秘密鍵（private key）：復号用の鍵
  - 他人には秘密

図 3.8　公開鍵と秘密鍵は 2 本一組

3.3.2　公開鍵暗号方式の鍵数

公開鍵暗号方式では，暗号の受信者が公開鍵と秘密鍵のペアの一組の鍵を作

成し，複数の送信者に同じ公開鍵を配布して用いる（**図3.9**）。ユーザー数を n，そのときに必要な秘密鍵の数を K_P とすると，$K_P = 2n$ となる。公開鍵暗号方式では，1人のユーザーごとに，公開鍵と秘密鍵の二つの鍵が必要であるので，ユーザー数に比例して鍵の数は増加する（**図3.10**）。

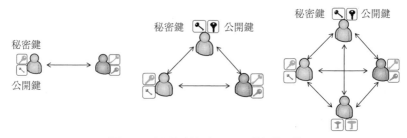

図3.9 公開鍵暗号のユーザー数と鍵の数

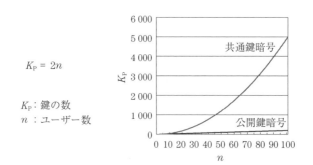

図3.10 公開鍵暗号の鍵数の増加

3.3.3 ハイブリッド暗号システム

公開鍵暗号方式では，公開鍵は秘密にする必要がないので公開鍵自体は平文で送信しても構わない。そのため，鍵配送問題は発生しない。

公開鍵暗号方式は，共通鍵暗号方式に比べ処理が遅くなってしまう。そのため，暗号化通信を行う際に，共通鍵暗号方式の鍵配送問題の解決に公開鍵暗号方式を用い，主たる暗号化通信は共通鍵暗号方式で行うハイブリッド暗号システムが多く用いられている。現在のWWWシステムでのHTTPS通信などは，ハイブリッド暗号システムである。公開鍵暗号方式で安全に共通鍵を送付し，

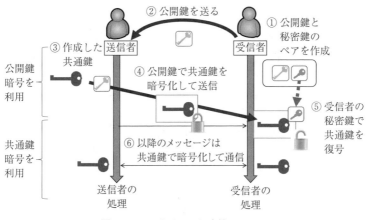

図3.11 ハイブリッド暗号システム

共通鍵暗号方式で効率よく暗号通信を実施している（**図3.11**）。

3.3.4　公開鍵暗号通信への中間者攻撃

通信の送信者と受信者の間で，両者の通信を盗聴する「中間者攻撃（man in the middle attack）」という攻撃手法がある。情報の窃取や改竄などさまざまな攻撃に使われる手法であるが，公開鍵暗号方式を用いた通信にも有効となる場合がある。

公開鍵暗号方式を用いて行う通信における中間者攻撃では，送信者と受信者の間で両者の通信を盗聴し，公開鍵のすり替えによる情報の窃取や改竄が行われる。情報の送信者から受信者への公開鍵の要求送信を盗聴し，受信者から送信者に送られた受信者の公開鍵を攻撃者の公開鍵とすり替え送信者に送る。鍵がすり替わったことを知らない送信者は，攻撃者の公開鍵で情報を暗号化して暗号文を送信する。この暗号文を攻撃者が復号し情報の窃取や，改竄ができる。さらに攻撃者は復号した平文や改竄した情報を本来の受信者の公開鍵で暗号化して受信者に送信する。受信者は本来の送信者からの暗号文として攻撃者が送信した暗号文を復号することになる（**図3.12**）。

公開鍵暗号化通信における中間者攻撃を防ぐには，公開鍵が誰の公開鍵か証

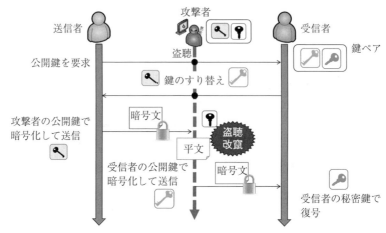

図3.12　公開鍵暗号に対する中間者攻撃

明する仕組みが必要である。公開鍵が誰の公開鍵かわかれば，鍵のすり替えが
あったときに受信者の公開鍵ではないことに気づくことができ，中間者攻撃を
受けているとわかる。現在では PKI と呼ばれる仕組みによって，公開鍵など
の安全な運用が行われている。

3.4　PKI

　公開鍵暗号方式を用いれば，共通鍵暗号方式の鍵配送問題は解決することが
できるが，中間者攻撃などで，公開鍵の送付時に悪意のある第三者に公開鍵の
すり替えが行われ，送信した暗号文を盗聴することが可能である。また，公開
鍵暗号方式を用いて暗号通信を行う場合には，通信相手の公開鍵を入手する必
要がある。特定のユーザー間で公開鍵暗号方式による暗号通信を行う場合に
は，相手に公開鍵の送付を依頼するか，相手が Web などで公開 している公開
鍵を用いればよい。しかし，全ユーザーが公開鍵と秘密鍵のペアを作成するこ
とや，通信相手の公開鍵を入手することは難しい。そこで，信頼のおける第三
者に公開鍵の正当性を証明してもらう PKI（Public Key Infrastructure）という
仕組みを用いて，公開鍵の運用が行われている。

3.4.1　PKI の 構 成

PKI では登録局（Registration Authority：RA）と認証局（Certification Authority：CA）を第三者認証機関が運用し，登録局では公開鍵を公開する側を登録し本人確認と鍵の発行を行い，認証局では登録された公開鍵の発行と管理を行う。

現在は WWW などで，不特定多数のユーザー間で公開鍵暗号方式による暗号通信が広く一般的に行われているが，PKI による鍵の運用が行われている。サーバに認証局用のプログラムをインストールすると，認証局としての機能を実装することはできるが，信頼性の担保と広く多くの鍵を登録・発行できないとインフラとして機能しない。現在は大手企業が運営している認証局や，政府機関の認証局を頂点とした認証局のつながりがあり，上位の認証局が下位の認証局を信頼することによって PKI が構成されている。

Web ブラウザなどの暗号化通信を行うソフトウェアには，認証局に関する電子証明書 が組み込まれており PKI を利用することができる。電子証明書には，公開鍵と認証局の電子署名などが記録されており，ITU-T X.509 などで規定されている。WWW ではおもに民間の PKI が用いられている。公的な PKI には，政府認証基盤（GPKI）や地方公共団体組織認証基盤（LGPKI）などがある。

3.4.2　PKI における手続き

PKI における手続きの流れは下記のとおりである（**図 3.13**）。

A：Web サイトの管理者

B：Web サイトの閲覧者

C：認証局の運営者

① A が C に身分証明書の提出をし，鍵の申請を行う。

② C が A に鍵を発行する。

③ B が閲覧する A の Web サイトの公開鍵を C に問い合わせる。

④ C が B に電子証明書として A の Web サイトの公開鍵を送付する。

⑤ B は A の公開鍵でデータを暗号化して，A に暗号通信を行う。

RA/CA センター（認証機関）

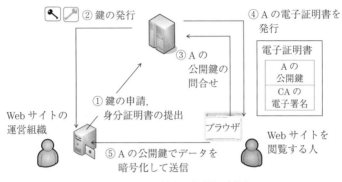

図 3.13　認証機関の役割と手続き

WWW では，3 以降の処理は B の Web ブラウザが自動的に行うため，Web サイトの閲覧者（B）は，PKI の手続きを意識することなく暗号化通信（HTTPS による通信）を行っている。

Web ブラウザが暗号化通信（HTTPS を使った通信など）を行う際には，アクセス先の Web サイトの公開鍵を PKI から電子証明書として入手し，入手した公開鍵を用いた公開鍵暗号化通信で共通鍵を交換する。おもな通信は交換した共通鍵を用いて処理が高速な共通鍵暗号化方式で暗号通信を行う。Web サイトを暗号化通信（HTTPS）に対応させるためには，Web サイトを公開するときに，その Web サイトの電子証明書（SSL 証明書）を認証局から取得し，Web サーバに組み込んでおく必要がある。電子証明書の認証局からの取得は有料の場合が多いが，条件によっては無料で取得できる場合もある。また，電子証明書には，有効期限があるので定期的に更新する必要がある。有効期限がすぎた電子証明書は，利用時に警告が表示されたり Web サイトなどにアクセスできなくなったりする。

3.4.3　電子証明書の信頼性

電子証明書にはハッシュ値が含まれるため，ハッシュ値の計算に用いたハッシュ関数のアルゴリズムが古い場合は，その電子証明書の信頼性が低下してし

まう。アルゴリズムの脆弱性が発見されたり，以前のコンピュータの性能では安全だったアルゴリズムがコンピュータの性能の向上で安全でなくなったりすると，そのアルゴリズムを利用している電子証明書は発行停止となり，安全なアルゴリズムへの切り替えなどが行われる。例えば，1995 年に米国の NIST（National Institute of Standards and Technology：国立標準技術研究所）が規格化し，米国政府標準ハッシュ関数（FIPS 180-22015）として広く使われていた SHA-1 について，2005 年に脆弱性が発見された（SHA-1 broken）[5]。この影響で SHA-1 証明書の発行が停止され，2015 年以降，順次後継である SHA-2 に対応していない機器やアプリケーションの電子証明書が無効となり，Web サイトに接続できなくなった。パソコンなどにインストールされているソフトウェアであれば，アップデートや修正の適用で対応することが可能であるが，当時多く用いられていた携帯電話（フューチャーフォン）や組込み機器などは，ハードウェアを交換しないと対応できず，新機種への買い替えや機器の交換が必要であった。

　2015 年頃から Web サイトの HTTPS 化が急速に進み，Web ブラウザで暗号化通信に対応していない Web サイトにアクセスすると警告が表示されたりするようになった。現在ではほとんどの Web サイトが HTTPS に対応している[6]。

3.4.4　SHA-1 ハッシュ関数の利用廃止とサーバ証明書の切り替え

　2004 年にそれまでサーバ証明書などで広く使われていたハッシュ関数 SHA-1 で，衝突するハッシュ値が計算可能であることがわかった[7]。ハッシュ関数を適用したときにハッシュ値が同一になる（ハッシュ値の衝突）異なる文字列を見つけることができると，パスワードから求めたハッシュ値を用いて認証している場合に，パスワードそのものがわからなくてもパスワードと同一のハッシュ値になる文字列を用いてパスワード認証を突破できることになる。

　さらに，2015 年には現実的な時間で計算可能であることもわかった。このため，2016 年にはおもな Web ブラウザが SHA-1 を用いた証明書の発行や利用を停止し，SHA-2 のサーバ証明書に移行した。サーバ証明書は有効期限が

設定されており，定期的に更新が必要である。この影響により Web サイト側
で SHA-1 の証明書を利用できなくしたため，古い携帯電話などバージョンアッ
プで対応できなかった機器は Web ブラウザなどで証明書が使えなくなり，暗
号化通信を行う Web ページの表示やアプリの利用ができなくなってしまった。
Web サイトが表示できないだけでなく，SHA-2 に対応していない携帯電話な
どでは電子マネーサービスも利用できなくなってしまった[8]。そのため，古い
携帯電話のユーザーは機種変更をしなくてはならなくなった。このように現在
は，故障などが発生しなくてもサービスの影響でハードウェアやソフトウェア
が使えなくなることも起こるのである。

3.5　電　子　署　名

PKI を用いた公開鍵暗号方式の応用技術に，電子署名がある。電子署名を用
いると，電子ファイルの作成者と，電子署名後に改竄されていないことを証明
することができる。電子署名をすることにより，その電子ファイルについて送
信者否認，なりすまし，改竄の防止，検出が可能となる。2001 年 4 月 1 日か
ら施行された，いわゆる「電子署名法（電子署名及び認証業務に関する法律）」
により，法律的にも保証される。

3.5.1　電子署名の仕組み

公開鍵暗号方式である RSA 暗号方式の性質として，暗号通信で用いる性質
である公開鍵で暗号したものはペアとなる秘密鍵でのみ復号できるというもの
がある。さらに，秘密鍵で暗号化したものは，ペアとなる公開鍵でのみ復号で
きるという性質もある。公開鍵暗号方式として用いるときと，暗号化する鍵が
逆となっていることに注意する。この後者の性質を用いると，公開鍵で復号で
きたということは，ペアとなる秘密鍵で暗号化したことが保証される。秘密鍵
は厳重に管理されているので，秘密鍵で暗号化したことが保証されれば，その
暗号文は秘密鍵の所有者が暗号化したことにもなる。公開鍵は PKI から正当

性を保証されたものを入手することが可能である。

　よって，この性質を用いるとファイルの作成者を証明することができる（**図3.14**）。同一のメッセージから生成したハッシュ値は同じ値となり，異なるメッセージから生成したハッシュ値は異なる値となることから，ハッシュ値を用いてファイルが同一であるか判断することができる。ファイルの送信前に送信ファイルのハッシュ値を生成し，受信後に受信ファイルのハッシュ値を生成し，送信前のハッシュ値と受信後のハッシュ値を比較し，同一であれば送信されたファイルと受信したファイルが同一であると判断できる。ハッシュ値が異なれば，送信されたファイルと受信したファイルが異なっている，つまり途中で改竄され

公開鍵で暗号化したものは**秘密鍵**でのみ復号できる。

秘密鍵で暗号化したものは**公開鍵**でのみ復号できる。
　→公開鍵で復号できたということは，
　　秘密鍵の所有者が暗号化した。

図 3.14　RSA 暗号の性質

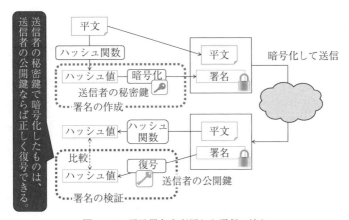

図 3.15　電子署名を利用した通信の流れ

たか，何らかの不具合でファイルの内容が変わったということがわかる（**図3.15**）。

　電子署名は，公開鍵暗号方式の秘密鍵で暗号化したものは，ペアとなる公開鍵でのみ復号できるという性質と，ハッシュ値によるファイルの改竄検出を組み合わせて構成されている。ハッシュ値を用いるとファイルの改竄を検知できるが，さらに受信したハッシュ値自体が改竄されていないか，送信者が送信したものかを保証する仕組みが必要である。そこで電子署名では，送信前のファイルのハッシュ値を送信者の秘密鍵で暗号化し，署名としてファイルと一緒に送信する。受信者はPKIなどを用いて送信者の公開鍵を入手し，受け取った署名を送信者の公開鍵で復号する。復号したものは送信者が送信したファイルのハッシュ値であるはずである。受信者は受信したファイルからハッシュ値を生成し，署名から復号したハッシュ値と比較をする。どちらも同じ値であれば，受信したファイルは改竄されておらず，署名を送信者の公開鍵で正しく復号できたことにもなるためファイルの送信者が署名をした人であることが保証される。受信したファイルから生成したハッシュ値と，署名から復号したハッシュ値が異なる場合には，ファイルが改竄されているか，署名が改竄されている，もしくは署名が公開鍵とペアの秘密鍵で暗号化されていないということになる。ファイルは改竄されていなくても，何らかの不具合でファイルが破損した場合も考えられる。

3.5.2　電子署名の応用

　公的個人認証サービス（Japanese Public Key Infrastructure：JPKI）[9]では，マイナンバーカード内に電子署名用の秘密鍵が格納されている。マイナンバーカードを利用してインターネットなどで電子申請をする際に，電子署名の仕組みにより，利用者が作成した真正なものであり，利用者が送信したものであることを証明している。マイナンバーカード内の秘密鍵を不正に読み出そうとすると，秘密鍵などを記録しているICチップが壊れるようになっている。

　さまざまな文書の保存や交換などで用いられているPDFファイルでも電子署名を付与することができ，電子署名の仕組みを利用することができる。

レポートワーク

【1】 身の回りで用いられている暗号化通信を列挙せよ。

【2】 暗号化通信を使っても起こる情報漏洩について調べ，例を挙げよ。

【3】 現在は暗号化されているが，以前は暗号化されていなかった情報システムの事例を調べよ。

4

認　　　　　証

4.1　認　証　技　術

　コンピュータや情報システムを利用するときには，誰が操作をしようとしているか，またその人は利用する権限をもっているか，などを判断する必要がある。一般的に ID やユーザー名，パスワードなどを用いてこれらを実施している手続きを，認証という。認証は，「識別」，「認証」，「認可」の三つの手続きから構成されている（**図 4.1**）。

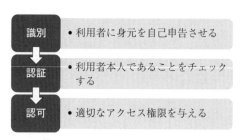

図 4.1　利用者の識別・認証・認可

　まず，利用者が利用しようとしているシステムでの ID やユーザー名を申告させ，誰が利用しようとしているかコンピュータや情報システムに知らせる。これが「識別」であり，コンピュータや情報システムは，それらに登録されているユーザーかどうかを判断する。登録されているユーザーであることがわかれば，つぎにそのユーザー本人であるか確認を行う「認証」を実施する。認証はパスワードを入力させたり，生体情報を用いたりするなどさまざまな方法で

実施される。最後に利用者が登録されているユーザーであり，その本人であることが確認できると，そのコンピュータや情報システムでそのユーザーが許可されている機能を使えるようにし，情報を扱えるようにする。利用者に設定されたように許可された機能や情報へのアクセス権限を付与することを，「認可」と呼ぶ。

　これらの手続きの中の認証による本人確認には，「知識情報」，「生体情報」，「所持情報」の三つの要素を用いることができる（**表4.1**）。これら3要素のいずれか一つ，または複数を用いて，本人であるか確認する。

表4.1　認証の3要素

要　素	内　容
知識情報	本人しか知らない情報
生体情報	本人の人体特徴情報
所持情報	本人しかもっていないもの

4.1.1　知　識　情　報

「知識情報」は，本人しか知りえない情報のことである。他人が知ることはなく，本人しか知らない情報についてあらかじめコンピュータや情報システムに登録しておき，質問をするか入力するべき情報を示して知識情報を入力させる。登録されている内容と，入力された内容が一致すれば本人であると判断する。利点は，利用時に特殊な機器などが必要なく，システム導入のコストが低い点がある。欠点は，登録した情報を忘却してしまうと認証できなくなることや，登録した情報が漏洩しても気づきにくいこと，情報の登録や入力時に第三者に漏洩（ショルダーハッキング）しやすいことなどがある。また，忘却を防ぐために覚えやすい文字列を設定してしまい，結果として推測されやすいパスワードを設定してしまうことが多く，パスワードを不正に見つけられやすくなってしまう。現在では，知識情報だけでなく他の要素を用いた認証と組み合わせることが多い。

　例として，パスワードや暗証番号，PINコードなどがある。これらは文字や

数字，記号などの文字列を登録し，その文字列を利用者が覚えておき知識情報を利用する。パスワードの場合は，推測されにくいように文字数を多くするか，複数の文字種（アルファベットの大文字と小文字，数字，記号）を組み合わせて設定する必要がある。PIN コードは 4 〜 8 桁程度の数字を用い，画面ロックの解除などの簡易的な認証で用いることが多い。秘密の質問は，質問とその回答をあらかじめ登録しておき，認証時に回答を登録した質問に回答するものである。回答を覚えておかなくても，すでに記憶している事項や自分の経験に基づいた質問にすることで，忘却しても回答しやすく同じ内容にたどり着きやすい。OS のインストール時に質問と回答の組を設定しておき，パスワードを忘れたときの再設定時に利用する。

　ほかにも文字列を入力する位置を覚えておくマトリクス認証もある。マトリクス認証の例として，格子状に配置された文字列の入力において，格子内の位置の順番を用いるものがある。パスワードや暗証番号とは違い，入力される文字の順番ではなく，どの場所を順に選択するかを覚えておく。動作を覚えるので文字列より忘れにくいといわれ，格子に配置される数字を毎回変更することにより，ワンタイムパスワードの応用にもなる（**図 4.2**）。

マトリクス
- 格子状に配置された文字の入力において，入力される文字の順番ではなく格子内の位置の順番を用いる。
- 文字列より忘れにくい。
- ワンタイムパスワードの応用（実際のパスワードは毎回変わるため，セキュリティ性が高い）。

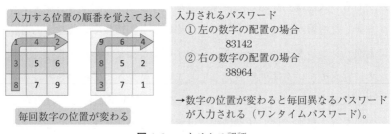

図 4.2　マトリクス認証

4.1.2 生 体 情 報

「生体情報」は本人の「身体的特徴」と「行動的特徴」を用いる認証である。以前は指紋が多く用いられていたが，現在ではカメラを用いて顔などの特徴を抽出するものも使われている。ほかにも，静脈，網膜，掌紋，虹彩などが身体的特徴に基づく生体情報として用いられる（**図4.3**）。行動的特徴に基づく「生体情報」としては，筆跡やキーストローク，唇の動きや瞬きなどがある。身体的特徴と行動的特徴の両方に基づくものでは音声がある。発声内容を周波数解析して，声道特徴を表すフォルマントなどを生体情報とする。

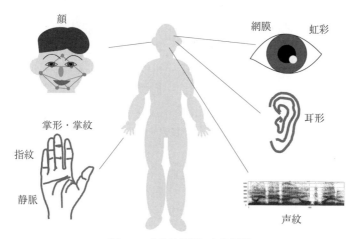

顔　網膜　虹彩　耳形　掌形・掌紋　指紋　静脈　声紋

図4.3 身体的特徴による認証

　生体情報を用いる認証の利点は，忘却や盗難の危険性が低い点や，認証時の手続きが比較的簡単な点である。欠点は，特徴の登録作業が煩雑であることや，生体情報を登録することへの心理的な抵抗がある。また，怪我や成長などによる特徴の変化により，登録情報と異なった特徴となってしまうこともある。生体情報もなりすましは可能であり，過信は禁物である。指紋をゴム膜で偽造できた例や，寝ている人の指でスマートフォンの指紋認証を実施すること，あるいはブログに掲載された写真から指紋や虹彩を取得して認証に用いることもある。現実的には生体情報だけを単独で用いずに，パスワード認証など他の要素と併用する。

4.1.3 所 持 情 報

「所持情報」は，本人しかもっていない所有物を利用する認証である。クレジットカードやキャッシュカード，ドアの鍵や口座通帳，印鑑や IC カード（図**4.4**，図 **4.5**）などが所持情報として使われている。

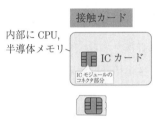

内部に CPU,
半導体メモリ

接触カード

IC カード
IC モジュールの
コネクタ部分

非接触カード

IC チップ
（外からは見えない）
アンテナ

KOUTSUUKEI

- IC が内蔵されているため，磁気カードに比べ，大量の情報をカードに記録できる。
- 電子証明書証明書を記録することも可能（マイナンバーカードなど）。

- カードを読み取り機にかざすことで，磁界が変化し，起電力を生む。電流が流れて IC が動作する。

図 **4**.4   認証デバイス

- スマートフォン
    - スマートフォンを所持している，利用（スマートフォンの認証を通過）できるのは本人
    - スマートフォンの認証アプリ

- クレジットカード
    - クレジットカードを所持しているのは本人
    - クレジットカードに記載されたセキュリティコードの入力

図 **4**.5   さまざまな所持情報

以前はハードウェアトークンという，ワンタイムパスワードを生成，表示するハードウェアなどが用いられたことがあった。現在はスマートフォンなど，情報処理や大容量の情報保存が可能なデバイスの個人での所有が進み，スマートフォンを所持情報や認証デバイスとして用いることが増えている。スマートフォンへの電話や，ショートメッセージサービス（SMS）の送信は，本人しかもっていない所持情報であるスマートフォンを用いた認証で利用される。所持情報を用いる認証の利点は，IC カードやスマートフォンなどを用いると認証

のための情報をある程度の大きい容量で所持，利用できる点がある。マイナンバーカードでは，電子証明書を認証で用いることができる。また，専用システムなどを用いた正規の手続きによる読み取り許可の機能を実装することで，内部情報へのアクセスを困難にすることが可能であることも特徴である。

　欠点としては，所持情報の機器やカードなどを紛失することや，盗難，破損することがあることである。また，紛失や盗難に気づかずに，なりすましの被害に遭うこともある。いろいろな機能をもたせることができる反面，認証システムとしては大掛かりになり，運用・管理コストが高くなりがちである。所持情報として用いるカードやデバイスの故障，発行や再発行にカードリーダーなどの専用設備や大掛かりなシステムと煩雑な手続きが必要になることも挙げられる。

4.2　認 証 シ ス テ ム

　情報システムなどで，利用者の識別，認証，認可を行うシステムを「認証システム」という。利用者が情報システムへのアクセス時に用いられるシステムで，「識別」，「認証」，「認可」の三つの認証の手続きを実施する。さらに，IDやパスワードなどの認証情報の管理，運用も行い，それらの登録や発行，停止などの機能も実装する。

　認証システムの構成は実装する情報システムがどのようなサービスを提供するか，構成されるソフトウェアやハードウェアの種類やメーカー，その情報システムのこれまでの経緯などによって検討する必要がある。例えばユーザーを管理するシステムでも，複数の製品やアプリケーション，技術が存在する。認証システムを設計する際には，その認証システムによってどのような情報システムの認証を行うか，他の認証システムとの連携をどうするか，過去の認証システムは何を用いていたか，などを考慮する必要がある。

　現在用いられているおもな認証システムや技術について，紹介する。

4.2.1 RADIUS（Remote Authentication Dial In User Service）

RADIUS は，ダイヤルアップ接続サービスで使われていた古くから存在する認証システムである。「ラディウス」と呼ばれる。学内の LAN への接続時に，接続が許可されたユーザーであるか認証する際など現在は，有線・無線 LAN へのネットワーク接続時の，ユーザー認証で用いられている。複数の RFC で規定されており，さまざまなソフトウェア，アプライアンスなどのハードウェア製品が存在する。

4.2.2 LDAP（Lightweight Directory Access Protocol）

「ディレクトリ」と呼ばれる，階層構造をもったユーザーや機器の管理サービスへのアクセスプロトコルである。「エルダップ」と呼ばれる。ID，パスワード認証などで多く使われてきた技術であり，学校や企業などのユーザー管理の基盤でよく用いられている。

4.2.3 AD（Active Directory）

Microsoft 社が開発したディレクトリサービスである。ユーザーだけでなくコンピュータや周辺機器も管理対象とする。「エーディー」，「アクティブディレクトリ」と呼ばれる。OS で Windows を実装しているコンピュータがあると AD も導入することが多い。Microsoft 社のクラウドサービスを導入すると AD の認証基盤が必要となるので，LDAP と並びよく用いられている認証システムである。

4.2.4 IEEE802.1X 認証

有線・無線ネットワークの認証に用いられる。EAP（Extensible Authentication Protocol）[10] を用いて認証方式を決定し RADIUS とセットで構成されることが多い。「アイトリプルイー ハチマルニーテンイチエックス」と呼ばれる。サプリカントと呼ばれる認証クライアントが必要であるが，OS にインストールされていることが多い。

4.2.5 Shibboleth

米国の認証の標準化を進めているプロジェクト名であるが，そこで開発された認証システムや技術に対して呼ばれることもある。SAML などの標準化を行っている。「シボレス」と呼ぶ。Web アプリケーションの SSO を実現することができ，学術認証フェデレーション（学認）などで用いる。比較的新しく登場した認証システムで，2014 年頃から参加組織数も増え普及が進んでいる。既存の認証システムに後から Shibboleth 対応のための機能を実装することが多く，ソフトウェアやアプライアンス製品を追加することにより Shibboleth 対応にすることが多い。

4.3　パスワード認証

パスワードという「知識情報」を用いた認証システムであり，古くから多く用いられている認証方式である。コンピュータや情報システムにユーザーを登録したときにユーザーごとに ID と合わせて組になるパスワードを設定し，ユーザーの ID と登録されている組になったパスワードが同一か確認することにより本人確認を行う（**図 4.6**）。ユーザーが覚えている知識情報である文字列のパスワードを用いるため，ID 入力に用いるキーボードやタッチパネルなどのインタフェースがあれば，追加の機器が必要なく，ID 入力に引き続きパスワード入力も同じ入出力として実行できるため，導入コストが低い。

ユーザー ID をもっている＝サーバを使う権利がある人物である

識別
ユーザー ID の入力

パスワードの要求
パスワードの入力

認証

パスワードを知っている＝権利をもった本人である証拠

図 4.6　ユーザー ID（ユーザー名）とパスワードによる識別と認証

　以前は OS などでパスワードをそのままファイルに記録したり，平文のまま通信されていたが，容易にパスワードの漏洩が起こってしまうため，現在では暗号化して記録したり，パスワードそのものはパスワードの設定が終了したら破棄するようになっている。また，パスワードはユーザーが忘れてしまうと認証ができなくなってしまうため，覚えやすいパスワードを設定したり，紙などに記載して認証の際にすぐに確認できるようにしたりする運用がされることが多い。これらの行為は，パスワードの推測や漏洩につながり，認証システムの信頼性が損なわれ，なりすましや不正アクセスにつながってしまう。そこで，現在はパスワードを用いた認証に加え，他の認証要素や認証方法を組み合わせた認証の実装が増えている。

　一般的なパスワード認証の手順は，利用者がユーザー ID を情報システムに入力し，ユーザーの識別を行う。情報システムにとって，登録されたユーザー ID をもっている利用者は，その情報システムを利用する権利を有していると判断できる。つぎに，そのユーザー ID を入力した利用者がそのユーザー ID の所有者本人であるか確認する。利用者にパスワード入力を要求し，利用者はパスワードを入力し「認証」を行う。情報システムは利用者がユーザー ID と組になって登録されているパスワードと同じパスワードを入力したか確認し，同じパスワードが入力されたと判断できれば，パスワードを知っているので利用する権利をもった本人であると認証し，つぎの認可の動作に移る。

4.3.1　パスワード認証の例

　パスワード認証の実例として，Linux での実装例を示す。現在の Linux では，パスワードの登録時に入力された平文のパスワードの文字列を，ランダムな文字列と結合した文字列のハッシュ値を生成する。ハッシュ値を計算したら平文のパスワードの文字列は破棄し，パスワードの文字列そのものは記録しない。ハッシュ値の計算に用いたランダムな文字列と，生成したハッシュ値を /etc/shadow ファイルに保存する。パスワード認証時には，利用者が入力したパスワードと保存されているランダムな文字列からハッシュ値を生成し，保存され

ているハッシュ値と比較をする。これにより，パスワードそのものを保存していなくても，認証時に正しいパスワードが入力されたか確認することができる。パスワードを保存していないので，パスワードが漏洩しにくくなる（**図4.7**）。

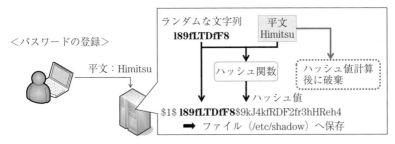

図4.7 Linux のパスワード管理

　学校や企業などのある程度の規模の組織では，情報システムの管理部門が学生や社員のユーザー ID を発行し，アカウントを管理していることが多い。このような場合に，ユーザーがパスワードを忘れると，管理部門はパスワードを教えてくれるわけではなくパスワードを再発行し，再発行したパスワードをユーザーに伝える。これは，情報システムの管理部門やスーパーユーザー，アドミニストレータなどの管理者でも，他のユーザーのパスワードはわからないからである。

4.3.2　パスワード認証の変化

　以前は，パスワードは定期的な変更が推奨されていた。定期的にパスワードを変更することにより，パスワードが漏洩したとしてもパスワード変更後は漏洩したパスワードが無効になるため，被害を抑えることができるからである。情報システムによっては，強制的に定期的なパスワード変更をユーザーに実施させる機能が実装されている場合や，組織として定期的なパスワード変更を強制させている場合もある。

　2017 年に米国の NIST がガイドラインで定期的なパスワード変更を要求すべきでないと示した[11]ことにより，日本でも内閣サイバーセキュリティセンター

(National center of Incident readiness and Strategy for Cybersecurity：NISC) からパスワードは定期変更する必要はないと示された。これ以降定期的なパスワード変更は推奨されていない。定期的なパスワード変更のため，覚えやすい簡単なパスワードを設定する人や，パターン化したパスワードを設定する人がおり，結果として推測されやすいパスワードの設定や同じパスワードの使い回しがされることが多かったからである。よって，パスワードの漏洩や不正アクセスにつながり，定期的なパスワードの変更よりは推測されにくい複雑なパスワードを設定したほうがよいということになった。

　注意する点としては，どの情報システムでも一律に定期的なパスワード変更をやめるべきというわけではない点がある。企業などでは退職者のアカウントは退職と同時に無効にしなければならないが，人事部門と情報システム管理部門の情報共有が密に行われていないと，退職した人のアカウントが退職後も有効なまま残っていることがある。このような場合には，退職者が他社（もしかしたら同業他社，ライバル会社）に転職後も以前の会社のアカウントで以前の会社の情報システムにアクセスできてしまうことが発生する。これは情報漏洩などにつながり，セキュリティインシデントとなる。

　退職者の不正利用防止など，単純にすべてのパスワード定期更新が不要というわけではないことに注意し，仕組みを理解して技術的な対策や規則を作るなどの実施をすることが重要である。退職者の情報をすぐに人事部から情報システム管理部門に通知する規則を作るか，情報システムとして退職者のアカウントは自動的に無効にする機能を実装するなどの対策が有効である。また，複数の利用者で共有しているアカウントなどは，退職者以外の利用者が利用を続けるため，共有している利用者の中に退職者がいても気づきにくい場合が多い。このような特殊なアカウントの場合は，定期的に強制的なパスワード変更を実施するなどの対策が必要な場合もある。

　現在のように情報システムが普及しておらず，利用者も少なかった頃はパスワードを平文のままコンピュータに保存するか，平文のまま通信して送受信していた。現在はほとんど使われていないが，telnet や rlogin，ftp などのプロト

コルや仕組みは平文のまま ID とパスワードを送信していた。よって，通信経路の途中で盗聴されていたり，平文で保存されているファイルを不正アクセスされたりすると，ID とパスワードの組が漏洩してしまう。

また WWW でも現在はほとんどの Web サイトが暗号化通信（HTTPS）に対応しているが，2010 年代のはじめまでは非暗号化通信（HTTP）が主流であった。WWW で暗号化通信が行われていないと，Web アプリケーションで入力したパスワードや，ネットショップでの買い物時に入力したクレジットカードや個人の情報が平文で通信されることになり，盗聴などにより情報漏洩につながる。

電子メールは，インターネットより前に実用化された技術のため，基本的に暗号化などのセキュリティ対策はすべて後付けで実装されてきた。そのため，電子メールのサーバ間の通信（SMTP）は現在でも暗号化されていないことが多く，電子メールの本文を暗号化して送信するか，添付ファイルを暗号化して送信するなどの対策が必要である。また，電子メールサーバとメールソフト（Message User Agent：MUA）間の通信に，暗号化に対応したプロトコルや技術を使うなどの対策を実装することもできる。電子メールでは電子メールサーバと MUA 間を暗号化しても，電子メールサーバ間の通信や相手側の環境が暗号化されていない場合もあるので，基本的に平文の電子メール本文で重要な情報を扱うときや，電子メールで重要な情報を扱うときは気をつける必要がある。

4.3.3　パスワード認証への攻撃

パスワード認証に対する攻撃の一つに，リプレイ（再生）攻撃がある。通信経路上で，送信者の認証時の情報を盗聴し，その内容をもとに不正アクセスを試みる。サーバ・クライアントシステムにおいて，利用者がクライアントからパスワード認証の ID とパスワードのハッシュ値をサーバに送信したときに，この通信内容を攻撃者が盗聴し認証情報をコピーして，そのコピーした認証情報をもとに盗聴した利用者になりすまして不正アクセスを行う。この攻撃では，利用者が認証時にパスワードを送信せずに，クライアント側でハッシュ値

にして送信しても，攻撃が成功することがある。これは，毎回同じ ID の利用
者は同じ認証情報を用いて認証するために，その通信内容をコピーして再利用
することが可能だから成立する攻撃である。

　このような攻撃に対して，ワンタイムパスワード（One Time Password：OTP）
と呼ばれる毎回異なるパスワードを認証に用いる認証方法がある。毎回異なる
パスワードを用いることにより毎回の認証情報が異なり，リプレイ攻撃に有効
である（**図 4.8**）。チャレンジレスポンス方式では，認証時にサーバから毎回
異なるチャレンジコードを送信し，利用者側でチャレンジコードとパスワード
を組み合わせてハッシュ値を生成し，そのハッシュ値を認証に用いる。サーバ

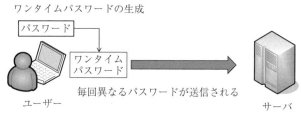

図 4.8　ワンタイムパスワード

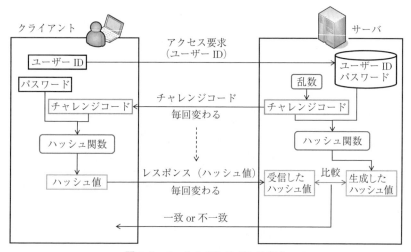

図 4.9　チャレンジレスポンス方式

側でも利用者に送信したチャレンジコードをもとにパスワードと組み合わせて
ハッシュ値を計算し，パスワードが正しいか確認する。このようにして，同じ
パスワードを用いても，毎回異なる認証情報が利用者から送信される（**図4.9**）。

S/Key方式では，利用者の登録時に登録したパスワードからn回繰り返して
ハッシュ値を生成したハッシュ値$P(n)$をサーバ側で保存する。利用者が認証
時にサーバからシード値として$n-x$の値を受信し，利用者側でパスワードか
ら$n-x$回ハッシュ値を繰り返し生成したハッシュ値をワンタイムパスワード
$P(n-x)$として送信する。ワンタイムパスワードを受信したサーバ側でさらに
x回ハッシュ値を繰り返し生成すると，パスワードが正しい場合はサーバ側で
保存されている$P(n)$と同じ値になるはずである。つぎの認証時にはxの値を
変更したシード値を送信する。このようにして，同じパスワードでも毎回利用
者から異なる認証情報を送信して認証することが可能となる（**図4.10**）。

これらのワンタイムパスワードを生成するものをトークンという。以前は小
型の専用機器やパソコンのソフトウェアとして提供されていたが，現在はス

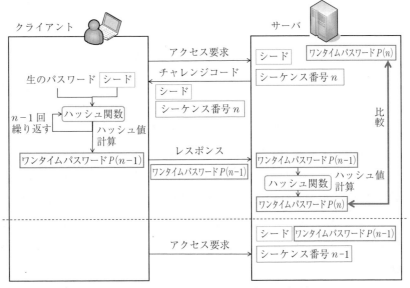

図4.10　ワンタイムパスワード（S/Key方式）

マートフォンのアプリとして実装されていることが多い。利用者側でそれぞれのシステム専用のワンタイムパスワード用のアプリをダウンロードして，スマートフォンのアプリでワンタイムパスワードを生成してその値を認証情報として用いる。専用機器やスマートフォンのアプリを併用すると，「知識情報」に加え「所持情報」も用いた多要素認証としての実装となる。

4.4　認証処理の一元化

4.4.1　認証システムの統合

　以前は，コンピュータが OS の機能として個別にユーザー登録と認証などを行っていた。情報システムが普及し，複数の情報システムをユーザーが利用する環境になると，同じユーザーの認証情報も複数のコンピュータや情報システムに登録し，コンピュータや情報システムごとに認証を実施する必要があった。この頃はパスワード認証が主流であったため，利用者は登録したコンピュータや情報システムごとに，ID とパスワードを覚えておかなくてはならない。また，コンピュータや情報システム，アプリケーションごとに利用開始時にそれぞれ ID とパスワードの入力といった認証を実施しなければならなかった。

　コンピュータネットワークが普及し，多くのコンピュータがコンピュータネットワークで接続されると，ID やパスワードといった認証情報を専用の認証システムに登録して保存するようになった。利用者が各コンピュータや情報システムで認証を行うとネットワークで接続されたコンピュータや情報システムが，認証システムにユーザー情報の照会を行い，認証を実施する。このような認証システムによるユーザー情報の集中管理が実現すると，利用者は認証システムに登録した同一の ID とパスワードを用いて，複数のコンピュータや情報システムで認証することができるようになる。しかし，この場合でも利用者はコンピュータや情報システムごとに認証を実施しなければならない（図4.11）。

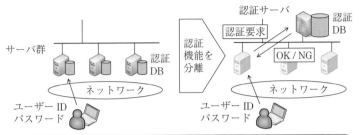

個々のサーバが認証処理を実施　　認証サーバで認証処理を一元化

図4.11　認証処理の一元化：認証サーバ

4.4.2　シングルサインオン

　認証システムの導入によるIDとパスワードの一元管理の，つぎの段階として利用者が1回認証を実施すると，同じ認証システムで認証を行うコンピュータや情報システムでは再度の個別の認証を行わなくても利用できるシングルサインオン（Single Sign On：SSO）の環境がある。利用者はコンピュータや情報システムを利用するときに，シングルサインオンシステムで認証を実施し，認証されると目的のコンピュータや情報システムに認可されて利用することができる。一度シングルサインオンで認証されれば，同じ認証システムを用いている他のコンピュータや情報システムでも再度IDとパスワードの認証操作などの認証をすることなく利用することが可能となる。

　以前は，シングルサインオンに対応していない情報システムもあり，認証システムの統合による同一ID，パスワードの環境は実現できても，一部の情報システムによっては，個別の認証を行う必要があった。現在では多くの情報システムがシングルサインオンに対応しているため，シングルサインオン環境の実現は容易となった（**図4.12**）。

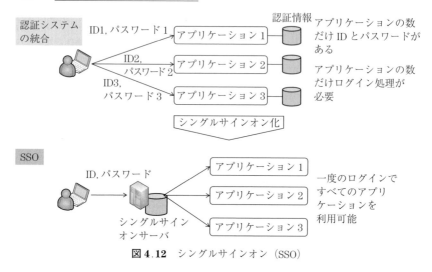

図 4.12　シングルサインオン（SSO）

4.5　フェデレーション

　現在では，多くの大学や企業などの組織が認証システムを構築・運用している。これらの組織ごとの認証システムと各種サービスとの信頼に基づいた認証連携をフェデレーション（federation）と呼ぶ。フェデレーションは，Web アプリケーションなどのサービスと認証をまとめて連携する。フェデレーションで連携しているサービスの利用者は，各組織の認証システムで認証し，サービスを利用するために必要な情報を，フェデレーションを介してサービスに渡す。

　認証後は，利用者は各サービスと直接通信してサービスを利用する。利用者の認証は認証情報を保有している各組織の認証サービスで実施し，認証後は利用するサービスに必要な情報のみを渡すため，パスワードなどは組織の外に送信せずに過剰な利用者の情報流通を抑えることができる（**図 4.13**）。

　フェデレーションを利用するサービスは，フェデレーションとフェデレーションに登録されている各組織を信用し，各組織もフェデレーションとフェデレーションから用いるサービスを信用していることから成り立つ仕組みであ

フェデレーション（federation）
● 組織ごとの認証システムと各種サービスとの
　信頼に基づいた認証連携

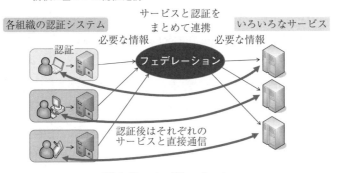

図4.13　フェデレーション

る。各組織の認証システムで認証されれば，各サービスを利用できるため，
Web アプリケーションでのシングルサインオンを実現することができる。

　フェデレーションは，OPEN ID[12] など民間の各種サービスの連携や，
Internet2 Federated Services[13]，日本では国立情報学研究所が運営する学術認
証フェデレーション（学認）[14] などがある。

　学術認証フェデレーションの運用開始時は，利用できるサービスが少なかっ
たため普及が進まなかったが，現状（2023 年 9 月）では 200 以上の大学が参
加している。学校や研究機関で無線 LAN の相互利用の国際的なネットワーク
ローミングサービスの eduroam[15), 16] なども学認で利用することができる。

4.5.1　SAML　認　証

　学認などのフェデレーション認証では，SAML（Security Assertion Markup
Language）が用いられている。SAML を用いると，異なる組織間での SSO を
実現することができる。SAML 認証はユーザー認証の実施と認証情報を提供す
る IdP（Identity Provider）と，シングルサインオンで利用するおもに Web ア
プリケーションである SP（Service Provider），ユーザーが所属する組織の認
証システムから構成される。SAML 認証は，ユーザーが利用する Web アプリ

ケーション（SP）にアクセスする場合の SP 起点の認証と，ユーザーが IdP で
認証後に Web アプリケーションを選択する IdP 起点の認証の手順がある。ど
ちらの場合も認証情報を Cookie としてユーザーがアクセスに利用した Web ブ
ラウザなどに保存しておき，IdP が Cookie を確認することにより改めて認証
することなしに SSO を実現する。

　ユーザーが利用したい Web アプリケーションにアクセスした場合，Web ア
プリケーション（SP）から IdP に SAML 認証要求を送信し，ユーザーは IdP
を経由して所属する組織などの認証システムで認証を行う。認証で正当なユー
ザーであると確認された場合，IdP は SP に SAML 認証応答で必要な情報を送
信する（**図 4.14**）。

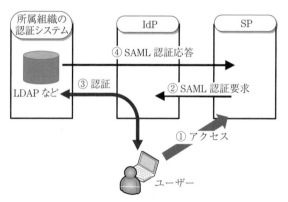

図 4.14　SAML 認証（SP 起点）

　ユーザーが最初に IdP で認証を行い，認証後に利用する Web アプリケーショ
ンを選択する場合は IdP 起点の認証手続きとなる。ユーザーが IdP を経由して
所属する組織などの認証システムで認証を行う。認証で正当なユーザーである
と確認された場合は，対応する Web アプリケーション（SP）の一覧などから
利用する Web アプリケーションを選択すると，IdP から SP に SAML 認証応答
を送信し必要な情報を送る（**図 4.15**）。

　SAML 認証による SSO 環境を導入するには，サーバ上の Linux などに必要
なソフトウェアを実装して IdP を構築してサービスを提供することもできる

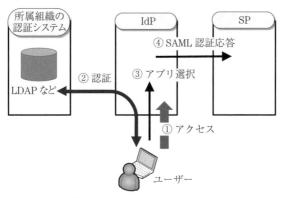

図 4.15　SAML 認証（IdP 起点）

が，認証システムの拡張機能として IdP の機能を実装したりアプライアンス製
品として販売されたりしているものもある。

4.5.2　Web API

近年の WWW（World Wide Web）の普及により，さまざまなネットワーク上
での情報流通に WWW の仕組みが用いられるようになった。通常 LAN と WAN
の接続について，セキュリティ対策がとられており，ファイアウォールなどで
通信制限されている。そのため，平文でパスワードを送信する古いプロトコル
や，組織外のネットワークとの通信では，セキュリティ上の問題が懸念される
リモートコントロールの通信などは，通信できないようになっていることが多
い。厳しいセキュリティ対策手法として，限られた種類の通信のみを許可し，
他の通信をすべて遮断する手法もある。

WWW は現在ではインターネット接続の主要なサービスとなっており，多く
のネットワークで使用することができる。ファイアウォールなどによるセキュ
リティ対策でも，WWW の通信は可能な環境が多い。そのため，多くのネット
ワーク環境，多くの通信機器で WWW は使えることが多く，さまざまなサー
ビスで WWW を用いた通信をしている。WWW は Web サーバと人が操作して
いる Web ブラウザ間の通信が主であったが，Web ブラウザではないソフトウェ

ア でも WWW の技術を用いて通信するものも多くある。

　そのような通信を行う技術の一つとして，Web API（World Wide Web Application Programming Interface）がある。これは，Web アプリケーションなどのソフトウェアが，HTTP を用いてデータをやりとりする仕組みである。通信されるデータは，XML や JSON などの構造化テキストデータや，バイナリデータ，HTML などが使われる。Web API を用いると，HTML 以外のデータを，WWW を用いて通信することができるため，オープンデータなどでデータの公開手法として用いられていることも多い。スマートフォンのアプリがサーバと通信する際にも多く用いられている。Web API では，Web アプリケーションシステムのアプリケーションサーバに直接アクセスすることが可能となり，比較的効率的なデータ通信を実装できる（**図 4.16**）。

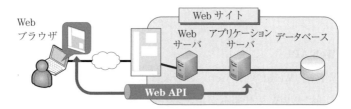

- World Wide Web で用いられる Application Programming Interface
- Web アプリケーションが，HTTP を用いてデータをやりとりする仕組み
- XML や JSON などの構造化テキストデータや，バイナリデータ，HTML などが使われる

図 4.16　Web API

4.5.3　OAuth

　Web アプリケーションで用いられる認証技術の一つに，OAuth（Web Authorization Protocol）がある。Web アプリケーションに利用者が認可した情報を提供するときの権限の認可の枠組みである。RFC6749, RFC6750（OAuth2.0）などで規定されている。Web アプリケーションなどで，ユーザーが意図しない情報を提供しないための仕組みであり，アクセストークンと呼ばれる利用者の情報などを API で利用し認可する。利用者が用いる端末からリソースサー

バ（Web アプリケーション）へは，Web API を通してアクセストークンを送
信して，必要なデータの要求を行う。トークンを受け取ったリソースサーバで
は，登録されている利用者情報とトークンの情報から Web API を通して必要
なデータを利用者に送信する。トークンにはパスワードは含まれておらず，
Web アプリケーションで必要な情報のみ送信することができる。

　メールソフトでの利用も広まり，決まったネットワークからだけでなくさま
ざまなネットワークからメールサーバにアクセスすることが可能となる。ノー
トパソコンやタブレット端末，スマートフォンなど，学内や社内だけでなく移
動が可能な通信デバイスが他のネットワークからも，認証を実施して組織が提
供しているメールサーバへのアクセスができるようになる。広く公開されてい
る Web アプリケーションなどで用いられている，電子署名付き ID 情報による
利用者の識別・認証・認可を行う OpenID Connect などの応用もある。

4.6　多 要 素 認 証

4.6.1　二 段 階 認 証

　ID，パスワードなどで一度認証した後に，さらに認証を行う仕組みを二段階
認証という（**図 4.17**）。例えば，ID を入力しパスワードで認証した後に，誕生

●ID，パスワードなどで認証した後に，さらに認証を行う。
→1回目の認証と2回目の認証で，異なる認証方式（認証要素，多要素認証）で
　ない場合もある。

図 4.17　二段階認証

日の情報などを入力させる認証や，パスワードで認証した後にスマートフォン
の認証アプリで数桁の数字からなるパスコードを表示させて入力させる認証な
どである。Microsoft Windows では，OS のローカルユーザー（その端末でのみ
利用できるユーザー）を作成するときに，パスワードの設定のつぎに，秘密の
質問の選択とその回答を入力させるバージョンがある。これは「ID，パスワー
ド＋秘密の質問」の認証，つまり「知識情報」＋「知識情報」の二段階認証の
認証情報の登録である。

　ID とパスワードを入力させる認証では，パスワードの漏洩や推測などの不
正アクセスの被害が多くなり，パスワード以外の「知識情報」や，「生体情報」，
「所持情報」を用いた追加の認証を行う。1 回目の認証と 2 回目の認証で，異
なる認証方式（認証要素，多要素認証）でない場合も二段階認証と呼ぶが，こ
の場合は注意が必要である。

4.6.2　多 要 素 認 証

　ID，パスワード（知識情報）だけでなく，他の認証要素を用いた認証方式と
組み合わせて認証し，より認証の安全性を高める認証方式を多要素認証とい
う。二段階認証で，1 回目と 2 回目の認証で異なる認証要素を用いる場合は，
多要素認証である（**図 4.18**）。ID とパスワードによる知識認証と他の認証方式
を組み合わせる場合が多い。例えば，e-Tax（国税電子申告・納税システム）

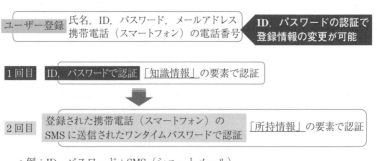

ユーザー登録　氏名，ID，パスワード，メールアドレス
携帯電話（スマートフォン）の電話番号　**ID，パスワードの認証で**
登録情報の変更が可能

1 回目　**ID，パスワードで認証**　「知識情報」の要素で認証

2 回目　登録された携帯電話（スマートフォン）の
SMS に送信されたワンタイムパスワードで認証　「所持情報」の要素で認証

・例：ID，パスワード＋SMS（ショートメール）

図 4.18　多要素認証と二段階認証の組合せ

では「ID, パスワード」+「マイナンバーカード」を用いて,「知識情報」+「所持情報」を用いた多要素認証をしている。ユーザー登録時に氏名, ID, パスワード, メールアドレス, スマートフォンの電話番号を登録しておき, 1回目の認証でIDとパスワードで認証し, 2回目の認証で登録されたスマートフォンのSMSに送信されたワンタイムパスワードで認証する場合は, スマートフォンが「所持情報」である多要素認証になる。

　複数回認証を実施しても, 同じ認証要素を用いる場合は多要素認証ではない。IDとパスワードで認証し, つぎに誕生日を入力させる場合は, パスワードと誕生日はともに「知識情報」のため多要素認証にはならない。

4.6.3　認証システムの被害例

　2019年7月1日に大手コンビニエンスストアのスマートフォン決済システムがリリースされたが, その直後から第三者によるアカウント乗っ取りおよび不正利用が発生した。7月3日に運営企業からIDやパスワード管理の注意喚起およびチャージの停止処置がされた。翌日の7月4日にはパスワード再設定の仕様の問題が指摘された。当該システムでのパスワードの再設定では, 生年月日, 電話番号, メールアドレスがわかると, 第三者が指定したメールアドレスにパスワードリセットのメールを送信できてしまうというものであった。会員登録時に生年月日が未登録でも登録が可能であり, その場合に登録される年月日が公開されていた。そのため電話番号とメールアドレスがわかると第三者にパスワードを再設定されてしまい, IDを乗っ取られてしまう。運営企業の見解では, IDとパスワードが漏洩し同一IDパスワードを用いている他の認証でそれらの情報が用いられる「リスト型攻撃」による不正アクセスではないかとしている。この例では, パスワード再設定時に「知識情報」のみを用いていたため, すでに漏洩していた情報で不正アクセスできてしまったといえる。また, 記者会見時の受け答えから社長が「二段階認証」などの知識が不足していたのではないかとの指摘もあり, 企業として認証に対する知識が不足していた点も原因ではないかといわれている。

レポートワーク

【1】 身の回りで用いられている認証システムを列挙せよ。

【2】 身の回りで用いられている多要素認証のシステムを列挙せよ。

【3】 各自が利用している認証をする情報サービスを挙げ，そのサービスの認証で使われている認証要素（知識情報，生体情報，所持情報）について調べよ。

5

ネットワークセキュリティ

5.1 ネットワークにおける脅威

インターネットなどのネットワークにおけるおもな脅威としては，不正アクセス，マルウェア，サービス拒否攻撃，改竄，盗聴，情報漏洩などがある。ここでは「不正アクセス」と「サービス拒否攻撃」について説明する。

5.1.1 不正アクセス

不正アクセスについて，例えば通商産業省（現 経済産業省）では1996年の告示第362号で「システムを利用する者が，その者に与えられた権限によって許された行為以外の行為をネットワークを介して意図的に行うこと」としていた。2000年2月に施行された「不正アクセス行為の禁止等に関する法律」では，情報機器やサービスにアクセスする際に使用するIDやパスワードなどの「識別符号」によりアクセス制限機能が付されている情報機器やサービスに対して，他人のID・パスワードを入力したり，脆弱性を突いたりして本来は利用権限がないのに，不正に利用できる状態にする行為としている[17]。

IPA（独立行政法人情報処理推進機構）では，「コンピュータウイルス・不正アクセスに関する届出」を受け付けている[18]。ウイルス感染被害の拡大や再発の防止，不正アクセス被害の実態把握や被害発生の防止に役立てるために，届出の協力をお願いしており，その内容をもとに不正アクセスに関する届出状況や被害原因について情報を公開している。あくまでもIPAに届出があった内

容であるので，世界や日本の実態そのものではないが，情報システム管理者などは定期的にこのような情報にアクセスし，状況を知っておくことは重要である。IPA への届出データによると，2020 年以降の不正アクセスの被害要因としては，「古いバージョン，バッチ未導入など」が増えている。この要因はコンピュータや情報システムの所有者，管理者がアップデートや修正ファイルの適用をしていなかったことが原因である（**図 5.1**）。現在では，コンピュータや情報システムを使う場合には，つねに最新バージョンへのアップデートや修正ファイルの導入をしていないといけないということもできる。

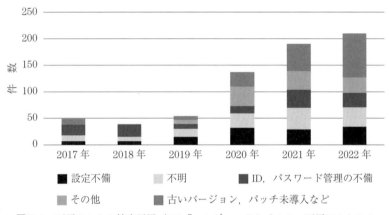

図 5.1　不正アクセス被害原因（IPA「コンピュータウイルス・不正アクセスの届出状況」のデータ [19] より作成）

　また，IPA に届け出ても不正アクセスの調査や防止はそれぞれの組織などで実施する必要がある。不正アクセスなどの被害が発生したときには，届出をして一安心してしまわずに，被害状況や原因の調査をし，それらの対応をして被害拡大や再発防止などの対応をすべきである。情報システムに詳しい人材に乏しい組織では，不正アクセスなどの被害が発生したときに，届出はすぐに実施するが原因特定や対策がおろそかになり，不正アクセスの原因がそのまま放置されてしまうこともある。これは届出に比べ原因調査などはある程度の知識と技術が必要であり，そもそも被害が発生したということは知識と技術，対策が不足していたからであることが多い。経営層なども含めて情報セキュリティの

知識があれば，第三者に調査を依頼したりすることができるが，少数の情報システムの担当者に任せている場合は，担当者が責任を問われないように届出などに目を向けさせて原因調査を怠ることもある。本来の目的は原因を突き止め再発防止をすることである。担当者の知識や技術不足が不正アクセスの原因であった場合は，第三者が調査して原因を指摘しなければ原因を突き止め改善することができない。

5.1.2　サービス拒否攻撃

　サービス拒否攻撃はサービス不能攻撃とも呼ばれ，英語の Denial of Service attack を省略した DoS 攻撃などとも呼ばれる。サーバなどの標的となるコンピュータやコンピュータシステムに大量のデータを送り，過大な負荷をかけてコンピュータやコンピュータシステムの処理能力を低下させたり，機能停止に追い込んだりする攻撃である。古くからある攻撃手法であるが，根本的に解決する手段がなく現在でも有効な攻撃手法である。

　Web サーバなど外部からのアクセスを受け付けることが目的のサーバでは，不正な通信ではなく通常のアクセスでも，アクセス数が性能を上回るほど増加するとサービス拒否攻撃を受けている状態と同じになってしまう。人気のある映画で主人公が特定のセリフを話すときに SNS に視聴者がそのセリフを投稿すると，SNS のサービスがダウンすることもあるが，これも原理はサービス拒否攻撃と同じである。電話網が多く用いられていたときに，ある電話番号に多くの人が電話をかけると輻輳が発生してつながりにくくなることがあったが，それと同じようなことがコンピュータネットワーク，情報システムでも起こり，悪意をもって行うことがサービス拒否攻撃である。攻撃対象に送信するデータ（パケット）は，正規の通信で使われるデータであっても大量に送信すればサービス拒否攻撃となる。

　さらに攻撃の効率を上げるために，複数のコンピュータからサービス拒否攻撃を仕掛けることが多い。攻撃をするコンピュータが複数に分散（distribute）しているため，このようなサービス拒否攻撃は Distributed Denial of Service

（DDoS）攻撃と呼ぶ。DDoS 攻撃を実施する側は，DDoS 攻撃に参加させるコンピュータをマルウェアに感染させて日頃から確保しておき，攻撃時にネットワークから攻撃に参加するように司令を送信して，DDoS 攻撃を実施する。マルウェアに感染し攻撃への参加を待機しているコンピュータをボット（bot）やゾンビ PC と呼び，ボットと攻撃司令を出すコンピュータで形成されたネットワークをボットネット（botnet）と呼ぶ。DDoS 攻撃用のボットを確保することは，マルウェアを作成し感染を広げる目的と一つとなっている（**図 5.2**）。

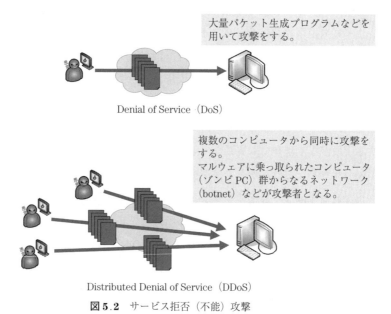

大量パケット生成プログラムなどを
用いて攻撃をする。

Denial of Service（DoS）

複数のコンピュータから同時に攻撃を
する。
マルウェアに乗っ取られたコンピュータ
（ゾンビ PC）群からなるネットワーク
（botnet）などが攻撃者となる。

Distributed Denial of Service（DDoS）

図 5.2　サービス拒否（不能）攻撃

5.2　防御システム

　現在ではさまざまな攻撃手法が考案され，攻撃側はつねに攻撃の準備や攻撃を実施している状況である。コンピュータや情報システムは，いまではつねに脅威にさらされており対策を施しておかなければならない。特に現在はコンピュータや情報システムはつねにインターネットをはじめとするネットワークに接続され

ており，通信を行っている。そのため，不正な通信や攻撃，攻撃につながる通信
などネットワークの通信内容を監視することは重要な対策となっている。

　ここではネットワークに関係するおもな防御システムである「ファイア
ウォール」，「IDS」，「IPS」，「WAF」，「マルウェア対策システム」について解
説する。学校や企業などの情報システムや LAN では，これらの防御システム
によって，LAN から WAN への通信を制限するか，特定のアプリケーションの
通信を遮断していることが多い。例えば，その組織で，標準で用いているメー
ルシステム以外のメールサーバに接続できなかったり，使用が許可されていな
いアプリケーションで通信できなかったりする場合は，防御システムで制限し
ている可能性がある。LAN から WAN への接続回線の帯域幅が小さく，通信量
の制限が必要な場合や，組織内のセキュリティポリシーなどで禁止されている
アプリケーションや通信を技術的に実装する場合には，防御システムで実装す
ることができる。

5.2.1　ファイアウォール

　ファイアウォール（fire wall）は設置した通信経路の通信パケットすべてを
受信して解析し，パケットのヘッダの内容などから条件（フィルタルール）を
設定し，設定した条件に合うパケットの通信を制御するセキュリティ機器であ
る。通信の送信先や送信元（アドレス），アプリケーション（TCP や UDP の
port 番号）などを条件として設定する。通信の制御方法はパケットをそのま
ま送信するか破棄するといった動作が基本である。ファイアウォールが受信し
たパケットをそのまま送信すれば，そのパケットの通信は正常に行われる。
ファイアウォールが受信したパケットを破棄すると，そのパケットは通信相手
に届かなくなるため，そのパケットが関係した通信は成立しない。ファイア
ウォールは，不正な通信や遮断したい通信のパケットを破棄させる条件を設定
することが重要であり，さらに正常な通信を妨げないようにする必要もある。

　もう一つのファイアウォールの機能として，ネットワークを役割ごとに分離
する機能がある。ファイアウォールに接続されたネットワークを WAN と

LAN，DMZ（De Militarized Zone：非武装地帯）の三つに分離するか，さらに多くに分離することもある。WAN, LAN, DMZ の場合は，組織内の守るべきネットワークを LAN，インターネットに接続されているネットワークを WAN，Web サーバやメールサーバなど，組織内のネットワークシステムではあるが，WAN からも LAN からも接続が必要なシステムを DMZ に設置する。WAN から LAN への直接の接続は厳しく制限し，LAN から WAN への接続は WWW などその組織が必要と判断するサービスに制限する。Web サーバやメールサーバなど，WAN との接続が必要であるが LAN からも接続するシステムは，WAN や LAN とはサービスに必要な接続のみ制限する。このようにして，WAN と LAN，DMZ それぞれの特性ごとに，WAN–LAN，WAN–DMZ，LAN–DMZ の接続をファイアウォールで制限するようにする（**図5.3**）。

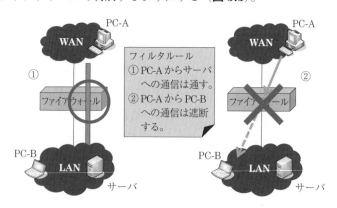

登録された条件（フィルタルール，ポリシー）に合致した通信を遮断（パケットの IP アドレスなどで判断する）。

図5.3 ファイアウォールの基本動作

さらに高性能な基幹用ファイアウォールでは，三つだけでなくさらにネットワークを細分化して複数のネットワークごとに通信を制限する機能が実装されている。例えば，大学では学生が接続するネットワーク，教員が接続するネットワーク，職員が接続するネットワーク，ゲスト用ネットワークなどネットワークに接続できる役職や立場でネットワークを分けることや，教育用ネットワーク，研究用ネットワーク，業務用ネットワーク，無線用ネットワーク，情

報システムの管理用ネットワークのように用途によって分けることも多い。

　ファイアウォールは条件をうまく設定しないと効果を発揮することができないが，情報システムやネットワークの構成は一つひとつ異なり，それぞれの組織やシステムによってセキュリティに対する考え方や運用方法，規則などが異なるため，条件の設定はシステムによって異なる設定が必要である。一般的に情報セキュリティ技術の向上には，情報システムを構成するさまざまな技術を知っているだけでなく，実際にシステムの運用，トラブルへの対応による経験なども必要である。それぞれ異なる情報システムに対して，そのシステムに適したファイアウォールの設定をするには，かなりのセキュリティ技術が必要である。残念ながら現在は多くの組織で，満足にファイアウォールの設定ができる人材は十分ではない。逆に，ファイアウォールの設定が満足にできるような人材は貴重であるので，本書の読者はぜひそのような技術者を目指してほしい。

5.2.2　ファイアウォールの種類

　ファイアウォールは基幹設置型とパーソナルファイアウォールの2種類ある。

　基幹設置型は，LAN などの基幹部に設置してその LAN と WAN 間や LAN の基幹部を経由するすべての通信パケットを監視するようにする（**図 5.4**）。

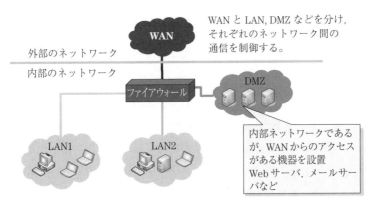

ネットワークの基幹部分（インターネット接続部分など）に設置し，
ネットワーク間の通信を制御する。

図 5.4　基幹設置型ファイアウォール

　ファイアウォールは1990年代の前半から用いられており，セキュリティ対策機器の中では古くからある機器である。当初はソフトウェアとして動作していたが，通信の高速化に伴い特定用途向けの専用IC（ASIC）を用いたアプライアンス製品が登場した。現在はクラウドネットワークの普及により，アプライアンス製品をソフトウェアとしてクラウド基盤で運用する，仮想アプライアンス製品も普及している。また，IPSなどと一緒に同じアプライアンス製品として実装されているものもある。

　パーソナルファイアウォールは，パソコンやスマートフォン，サーバなどの端末やコンピュータそれぞれにソフトウェアとして実装される（**図5.5**）。

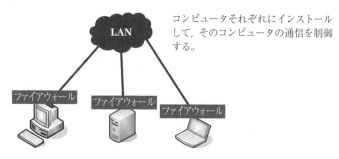

図5.5　パーソナルファイアウォール

　アプリケーションとしてインストールするものや，現在のほとんどの主要なOSではOSにパーソナルファイアウォールの機能が実装されている。パーソナルファイアウォールは，実装されている機器単体の通信を監視し，設定された条件に合うパケットや特定のアプリケーションの通信を制御する。アプリケーションをインストールしてもうまく動作しない場合や，通信する機能が動作しない場合などは，パーソナルファイアウォールの設定を確認すると，そのアプリケーションや通信が許可されていないためであることもある。パーソナルファイアウォールの存在と設定内容を把握しておくことは重要である。

　現在では家庭やLAN内で用いられる，無線LANアクセスポイントやブロー

ドバンドルータと呼ばれる製品にも，ファイアウォールの機能が実装されていることが多い。専用機に比べると機能は制限されることが多いが，基本的なファイアウォールの機能を使うことができるので，LAN などのセキュリティ向上のためにはアプライアンス製品などの専用機を購入しなくてもファイアウォールの機能を実装することができる。多くの場合は，これらの機器を設置している場合に，ファイアウォールの機能はデフォルトのままで条件設定を変更したり追加したりしないことが多いようである。アプライアンス製品は高価であるので，安価であるファイアウォール機能も実装されている無線 LAN アクセスポイントやブロードバンドルータでファイアウォールの機能の動作を確認したり勉強したりするには適している。ぜひ本書の読者もこれらの機器で実際にファイアウォールに触れてみてほしい。

　ファイアウォールの基本的な機能の一つに「ステートフルインスペクション」がある。TCP や UDP などでは，通信を開始したコンピュータから相手のコンピュータにパケットが届くと，相手のコンピュータから通信を開始したコンピュータにパケットが戻ってくる通信が多い。このような通信を，通信するコンピュータを限定してファイアウォールで許可するには，通信を開始するコンピュータから相手のコンピュータへの通信を許可するだけでなく，相手のコンピュータから通信を開始したコンピュータへの通信も許可する必要がある。しかし，通信相手が Web サーバの場合など，すべての通信相手のコンピュータをファイアウォールに登録することは現実的ではない。そこでファイアウォールで許可された通信であれば，それに関係する戻りの通信も自動で許可をする機能が必要となる。この機能をステートフルインスペクションという。ステートフルインスペクションを理解していないと，ファイアウォールの設定を正しく行うことはできないので，ファイアウォールの設定や管理をするには必ず理解しておく必要がある。ステートフルインスペクションを理解するには，TCPや UDP での通信の手順や WWW や DNS などの仕組みと動作を理解する必要がある。

5.2.3　IDS

IDS（Intrusion Detection System：侵入検知システム）は，ネットワーク攻撃や攻撃の前兆のアクセスなどを検知するセキュリティ機器である。LAN の基幹部に設置して，WAN と LAN 間の通信を監視し，通信内容を解析するものや，コンピュータにソフトウェアとして実装し，そのコンピュータへの侵入を検知するものがある。検知した内容により，ネットワーク管理者など設定した宛先に電子メールなどで通知する。IDS は攻撃や攻撃の前兆を検知するが，通信の遮断などの攻撃を防ぐ機能はもたない。そのため，通知を受けた管理者などが IDS や他の機器などの情報をもとに必要であれば対策を施す必要がある。

　実際には大学のネットワークなどある程度の規模のネットワークでは，IDS を導入するとつねに通知が届き，すべての通知に対して対応することは現実的には非常に難しい。ネットワーク攻撃や攻撃の兆候は 24 時間 365 日休みなく発生しているが，通知を受ける管理者は，夜は寝て勤務時間以外は業務を行いたくない場合が一般的である。夜間にも IDS から通知が届き，内容によっては現場である職場に行き対応をしなければならないことも起こりうる。基幹設置型の IDS が多く導入され始めた 2000 年代初期は，IDS は導入したが実際には通知に対応することができず放置するような運用が多かった。

5.2.4　IPS

IPS（Intrusion Protection System：侵入防御システム）は，IDS の機能に加え，さらに自動的に攻撃を防ぐ機能をもつ（**図 5.6**）。現在では主要な基幹設置型のセキュリティ機器であり，アプライアンス製品やクラウドシステム用に仮想化されたものがある。ファイアウォールや WAF の機能などと統合された製品も多い。

　基幹に設置する場合は WAN と LAN の通信すべてを解析するため，IPS のスループットや設定内容によって WAN 接続の利便性に影響がある。IPS の導入の際には，その情報システムの WAN-LAN 間の通信状況を把握して将来的な需要も見越して適切な能力をもった機種を導入しなければならない。また，IPS で不具合が発生すると WAN と LAN の接続がすべて影響されることもあるた

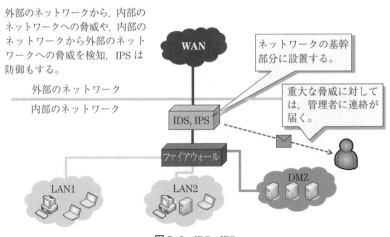

外部のネットワークから，内部の
ネットワークへの脅威や，内部の
ネットワークから外部のネット
ワークへの脅威を検知，IPS は
防御もする。

外部のネットワーク

内部のネットワーク

ネットワークの基幹
部分に設置する。

重大な脅威に対して
は，管理者に連絡が
届く。

WAN

IDS, IPS

ファイアウォール

LAN1

LAN2

DMZ

図 5.6　IDS, IPS

め，冗長構成などで耐障害性や処理能力を高めるような構成にする必要もある。

　IPS を導入しても，すべての攻撃の通知を組織のネットワーク管理者などが
対応することは現実的ではないため，24 時間 365 日 IPS からの情報を監視す
るサービスに契約をして運用することが多い。自動的に対応できるか軽微な攻
撃やその兆候などは監視サービス側で処理をし，被害が発生するような深刻な
事態やその兆候の場合のみ組織の担当者に連絡をする。IPS でさまざまなイン
シデントに対応できるが，最後は組織の担当者が技術と知識をもって対応でき
ないといけない。

5.2.5　WAF

　WAF（Web Application Firewall）は，Web アプリケーションに特化したファ
イアウォールである。現在では Web アプリケーションが広く使われるように
なり，それに伴い使われるようになったセキュリティ対策システムである。
Web アプリケーションで使われるパケットを認識し，LAN に端末を接続する
ユーザーごとのアプリケーションの利用の制限をすることができる。

　一般的なアプリケーションは，パソコンなどにソフトウェアをインストール
して，そのアプリケーションを利用する。この場合は，端末にインストールす

るソフトウェアを制限するか，監視することによってアプリケーションの利用
を制限することができる。Web アプリケーションは Web ブラウザから用いる
ことができるため，パソコンなどにソフトウェアをインストールしなくても使
用することができる。そのため，学校や企業などの組織内のユーザーがどの
Web アプリケーションを利用しているかについては，パソコンなどの端末側
で制御することは難しい。そこで，組織の LAN と WAN の接続部に WAF を設
置し，LAN と WAN の通信を監視することにより，Web アプリケーションの利
用を制限することができる。

　また，WAF の機能として Web アプリケーションに対する攻撃を防ぐ機能が
ある。クロスサイトスクリプティングやリクエスト強要，SQL インジェクション
などの攻撃の通信を検知し，関係する通信（セッション）を遮断して攻撃を防ぐ。

　WAF は IPS などと機能をまとめた一つのアプライアンス製品となっている
ものも多い。

5.2.6　マルウェア対策システム

　コンピュータウイルスの被害が顕著になり始めた 1990 年代頃は，マルウェ
アやワームといった用語は一般的ではなかったため，ウイルス対策ソフト，ワ
クチンソフトと呼ばれていた。クライアントやサーバに，ソフトウェアとして
インストールするものと，LAN と WAN の接続部分や LAN の基幹部分に設置
するアプライアンスがある。当初は，パソコンなどからマルウェアを見つけ，
削除するソフトウェア型であったが，インターネットなどのコンピュータネッ
トワークが普及して一般化し，多くのファイルをネットワークでやりとりする
ようになると，マルウェアの感染経路もネットワーク経由が主となった。

　そのため，マルウェア対策システムもネットワークの基幹部に設置するもの
も多く使われるようになった。Web などによるファイルダウンロードだけで
なく，電子メールの添付ファイルでマルウェアに感染することもあるため，電
子メールも監視して添付ファイルも対象とする。

　初期のものは登録されたマルウェアのプログラムのパターンに照合し，マル

ウェアを見つけるパターンマッチング方式であった。マルウェアはつねに新しいものが出現するため，マルウェアを見つけるためのパターン照合用のデータベース（定義ファイル，フィルタファイルなどと呼ばれる）を更新して，新しいマルウェアにも対応させる必要がある。パターンマッチング方式では，データベースに登録されていないマルウェアを検出することはできない。そこでプログラムを解析し，動作によってマルウェアと判断するヒューリスティック方式や，ルールデータベース方式と呼ばれる解析機能をもつものもある。この場合は，個別のマルウェアごとの情報をデータベースに登録しなくても，不正な動作をするプログラムをマルウェアとして検出することができ，未知のマルウェアにも対応できる。

　ヒューリスティック方式の応用として，サンドボックス（砂場）というものがある。サンドボックスは，安全な仮想環境の中でプログラムを実行し，その検査対象のプログラムの動作，振る舞いを検査する仕組みである（**図5.7**）。

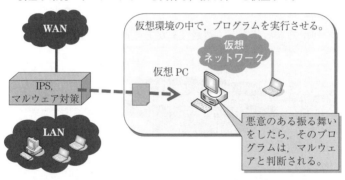

図5.7　サンドボックス（砂場）

　仮想PCを仮想ネットワークの中に設置し仮想環境を構築する。その仮想環境でプログラムを動作させ，不正な動作が認められればそのプログラムはマルウェアと判断される。サンドボックスは仮想PCを用いるため，特定のバージョンや言語版でのOSにのみ不正な動作を実行するマルウェアや，マルウェ

アがうまく動作しない仮想環境ではマルウェアを検出できない。しかし，複数のバージョンや言語版の OS や，異なるネットワーク環境を複数用意することはコストが掛かってしまう。実際にサンドボックスを利用しても，自分の環境と同一の OS バージョンや言語版なのかはわからないことが多く，マルウェアの検出ができていないこともありうる。

5.3 予 防 技 術

5.3.1 VPN

VPN（Virtual Private Network）は，ケーブルやネットワーク機器で構成される物理ネットワークに対し，認証や暗号化，改竄防止技術などを用いて仮想的な専用回線を構築する技術である。VPN を用いると，インターネットなどの不特定多数が利用するネットワークを，利用者が限定されている専用回線のように使うことができる。VPN を利用するにはファイアウォールなどの機器で VPN を構築し，VPN に接続コンピュータに特別な設定などは不要である。このように利用できることを「透過性」があるという（**図 5.8**）。

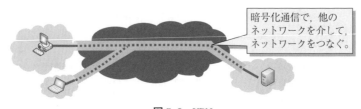

暗号化通信で，他のネットワークを介して，ネットワークをつなぐ。

図 5.8 VPN

2020 年から日本でも感染が急拡大した新型コロナウイルス感染症（COVID-19）の影響で，自宅と職場のネットワークを VPN で接続してテレワークを実施することが普及した。ほかにも地域の電力系のネットワーク企業などが以前から提供している Ethernet 接続サービスでも VPN 技術は用いられている。大学などで離れたキャンパスやサテライトキャンパスなどと接続する場合なども VPN は利用されている。

インターネットを用いた VPN をインターネット VPN と呼ぶ。IPsec（IP security protocol）などを利用して構成することが多い。ネットワーク層とトランスポート層において，データリンク層を仮想化する，Ethernet の仮想化を行う VPN 技術もある。

MPLS（MultiProtocol Label Switching）によって，同一の IP ネットワークを，複数のネットワークのように利用する技術を IP-VPN と呼ぶ。MPLS は，ルータやスイッチで IP パケットにラベルを付加し，ラベルにより転送先を制御する。ラベルを付加したパケットは MPLS に対応した機器でないと処理ができないため，企業や大学のネットワークなどのある程度規模の大きいネットワークで用いられる。

5.3.2　暗 号 化 通 信

暗号化通信とは，通信内容を暗号化することにより，通信内容を傍受されてもすぐには内容が明らかにならないようにすることである（**図 5.9**）。現在のネットワークでは，一般的に用いられるようになっており，さまざまな暗号化方式や関連技術が存在する。

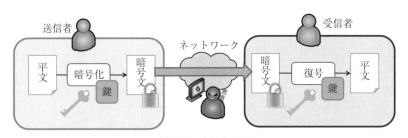

図 5.9　暗号化通信

SSL（Secure Sockets Layer）は，PKI に基づき暗号化や認証を TCP/IP アプリケーションで用いることができる技術である（**図 5.10**）。Web ブラウザのメーカーだった Netscape Communication 社が開発し，WWW で一般的に用いられていた。SSL1，SSL2，SSL3 のバージョンがあるが，暗号化データを実用上問題が発生する条件で解読される脆弱性が発見されている。そのため，現在では

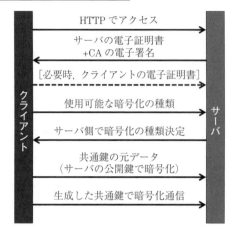

HTTP でアクセス

サーバの電子証明書
+CA の電子署名

［必要時，クライアントの電子証明書］

使用可能な暗号化の種類

サーバ側で暗号化の種類決定

共通鍵の元データ
（サーバの公開鍵で暗号化）

生成した共通鍵で暗号化通信

図 5.10　SSL 通信の仕組み

SSL のすべてのバージョンは使われていない。

　この脆弱性は POODLE（Padding Oracle On Downgraded Legacy Encryption）[20]
と呼ばれ，SSL3 プロトコルにおける中間者攻撃が可能となってしまうことが
明らかになった。これは，SSL3 で通信ができない場合に，プロトコルのバー
ジョンを下げる機能を悪用する攻撃である。この攻撃を受けると秘密鍵を不正
に入手され，暗号が解読されてしまう。

　SSL に脆弱性が見つかったため，現在は後継の TLS（Transport Layer
Security）が用いられている。TLS は SSL の後継プロトコルであり，IETF が
標準化を行っている。TLS は SSL の後継であるが，SSL が有名なため TLS も
SSL と呼ばれることがある。

　LAN や WAN を経由して他のコンピュータに遠隔ログインするプログラム
は，以前は平文で通信をしており ID だけでなく入力されたパスワードも平文
で送信されていた。現在は公開鍵暗号方式を用いて遠隔ログインなどでも通
信を暗号化することが一般的になっている。代表的な暗号化通信に対応した遠
隔ログインプログラムに SSH（Secure SHell）がある。telnet の後継の位置づ
けであり，SSH1 と SSH2 のバージョンがある。SCP（Secure CP）というファ
イル転送を暗号化する FTP の後継に相当する機能も含む。

5.4 無 線 LAN

有線接続であれば光ファイバや LAN ケーブルが接続されているので接続状況などが視覚的にわかりやすいが，電波などを用いる無線 LAN は接続機や接続できる範囲の把握が難しい。接続してはいけない機器が接続されていることや，使用者の気がつかないうちにアクセスポイントに接続されていても気がつきにくい。そこで，無線 LAN では接続を限定する対策が施されている。一般的に無線 LAN への接続では，認証と暗号化が組み合わされており，認証と暗号化の手続きをしてからアクセスポイントと端末が接続され通信することができるようにする。

スマートフォンやノートパソコンなどの無線 LAN 端末機器や無線 LAN 子機は，アクセスポイントからのビーコンを受信すると，認証方式や暗号方式についてアクセスポイントと通信し，たがいに対応している方式で接続をする。アクセスポイントと端末のどちらも対応している認証方式や暗号方式を用いるので，アクセスポインや端末のどちらかだけが新しい方式に対応していても通信に使うことはできない。また，無線 LAN の場合は古い認証や暗号化方式は，コンピュータ機器の高性能化やセキュリティホールが既知となっており，不正アクセスが可能となっているものがあるので注意が必要である。最新のアクセスポイントや端末を使っていても，接続先が古い方式しか対応していない場合はすでに不正アクセスが可能な方式で通信してしまうことがある。

無線 LAN におけるおもな認証方式と暗号化方式について説明する。

5.4.1 WEP

WEP（Wired Equivalent Privacy）は，無線 LAN における通信の認証と暗号化技術である。無線 LAN が一般的に用いられるようになった初期に使われていた。ストリーム暗号である RC4 アルゴリズムを用いる。秘密鍵に 40 bit のデータを使う方式と，128 bit のデータを使う方式がある。2008 年に通信状況

によっては数分以内で暗号を解読できる技術が発表されており，安全な通信とはいえない。よって，現在では他の認証，暗号化方式を選択すべきである。2000 年代に流行した携帯ゲーム機で無線 LAN 接続ができるものがあったが，WEP にしか対応していないため，その携帯ゲーム機を使うにはすでに危険とわかっている WEP を使うしかない状況であった。

5.4.2 TKIP

TKIP（Temporal Key Integrity Protocol）は，DES（Data Encryption Standard）による無線 LAN で使われている暗号化方式である。

WEP と同じ RC4 暗号化を用いているが，暗号化に用いる乱数値の桁数を WEP より増やし（24 bit → 48 bit），初期化を複雑化して解読を困難にしている。パケットごとに異なる鍵を生成し，送信データサイズが可変である。

5.4.3 AES

AES（Advanced Encryption Standard）は，現在無線 LAN で使われている最も新しい暗号化方式である。

共通鍵暗号化方式であるラインダール（Rijndael）を用いている。米国で暗号の標準として採用されている。AES 暗号化専用のハードウェア（専用チップ）があり，高速に計算を行える。

5.4.4 WPA

WPA（Wi-Fi Protected Access）は，Wi-Fi アライアンスが提唱した無線 LAN の認証・暗号化方式である。RADIUS 認証を使うことができ，PSK（Pre-Shared Key）による認証も可能である。WPA/AES が追加され，より強固な暗号化が可能となった。WPA2（Wi-Fi Protected Access Ⅱ）が広く使われていたが，2017 年 10 月に複数の脆弱性が発表された。この脆弱性は KRACK（Key Reinstallation AttaCKs）[21),22)] と 呼 ば れ，認 証 に お け る 鍵 の 生 成（4way handshake）で同じ鍵が再利用される脆弱性など 10 種類以上発見されている。

2018 年 6 月 25 日に，Wi-Fi アライアンスは WPA3 を発表[23]し，2018 年末から対応製品も発売された。WPA2 の後継として KRACK 対策である SAE handshake を実装しており，誤ったパスワードのログイン試行が一定回数繰り返されるとブロックする。WPA3 についても 2019 年 4 月に脆弱性が公開され，WPA3 対応製品を製造・販売していた機器ベンダーから修正ファイルの配布がなされた。多くの製品はまだ出荷前だったため，市場に出回る前に対策をとることができた。このとき発表された WPA3 の脆弱性は SAE handshake の脆弱性で，KRACK の発見者が DRAGONBLOOD[24] として報告した。サイドチャネル攻撃や辞書攻撃でパスワードを不正取得できるとされる[25]。

5.4.5　MAC　認　証

MAC 認証は，MAC（Media Access Control）アドレスを利用した認証で，無線 LAN アクセスポイント（親機）に，接続を許可するパソコンやスマートフォン，タブレット端末などの MAC アドレスをあらかじめ登録しておく。その親機に接続してきた端末の MAC アドレスが登録され接続が許可されていたら，その端末が無線 LAN を利用できるように接続する。

MAC 認証を実装するには，MAC アドレスの事前登録が必要なため，MAC アドレスの収集などの運用に難がある。多くの一般ユーザーは各自のパソコンやスマートフォンの MAC アドレスを知らず，調べる方法も知らない場合が多い。また，ある程度の利用者が多いネットワークや不特定多数が利用するネットワークでは，許可された利用者すべての MAC アドレスを収集・登録することが不可能であるか，管理者側の大きな負担となり事実上できないことがある。比較的ユーザー数が限られる無線ネットワークで有効な，接続端末を限定する方法である。

5.4.6　IEEE802.1X

IEEE802.1X 認証は有線および無線 LAN でユーザー認証を行う仕組みである。サプリカント（supplicant），認証装置，認証サーバから構成される。サプ

リカントは多くの OS で実装されている。認証サーバは RADIUS が用いられる。EAP（PPP Extensible Authentication Protocol）を使い，いろいろな認証に対応することができる（**図 5.11**）。

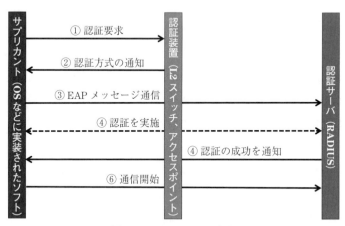

図 5.11　IEEE802.1X 認証

　現在ではスマートフォンなどもサプリカントが実装されており，学生や社員などある程度の人数の組織で組織内の人に無線 LAN の利用を限定する場合などに用いられる。

5.4.7　無線 LAN の運用

　無線 LAN は有線 LAN と異なり，端末の接続に配線による接続が不要なため便利である反面，接続を望まない端末が接続しても管理者側でわかりにくいという特性がある。そのため，SSID に対するパスワードの設定や MAC アドレスにより接続端末の制限や IEEE802.1X 認証などを実装して，接続を許可されていない端末の接続を防ぐ必要がある。

　10 名程度であれば，市販の安価なアクセスポイントやルータやファイアウォール機能なども実装されている無線 LAN ルータなどで，SSID にパスワードを設定し運用することができる。現在では 1 人で複数の無線 LAN に接続する端末を所有していることが多いため，人数より多くの端末が無線 LAN に接

続することになるので，アクセスポイントなどの同時端末接続数などを考慮する必要がある。無線 LAN に接続する端末を限定したい場合は，MAC 認証を実施して接続を許可した端末の MAC アドレスを登録することもできる。

　ある程度大きな組織で無線 LAN を運用するには，無線 LAN 接続が可能な空間にアクセスポイントからの電波が十分な強度でいきわたらせ，1 台のアクセスポイントでは接続上限を超える端末接続の要求が考えられるため，同じ SSID で複数のアクセスポイントを運用する必要がある。この場合では，無線 LAN アクセスポイントの管理システムを導入し，複数のアクセスポイントを効率よく管理・運用する必要がある。MAC 認証では接続を許可した端末の MAC アドレスをすべて管理側が把握して登録する必要があるが，ある程度の人数の場合は，端末の入れ替わりなどによる MAC アドレスの管理が煩雑で非常に難しい。そのため，認証システムと連携して接続を許可された人のみ無線 LAN にも接続できるようにする必要がある。

　大学の教室など一つの部屋に複数のアクセスポイントを設置する場合には，入口近くのアクセスポイントに接続する端末が多く，入口から離れたアクセスポイントに接続する端末が少なくなるなどアクセスポイントの設置場所や複数のアクセスポイントによる効率的な端末接続管理などが重要である。無線 LAN 機器メーカーがそれぞれ独自の機能でこれらに対応しているが，ノウハウなども必要なため設計段階でのアクセスポイントの配置計画時の検討や実地での事前の試験などを十分に行っておくとよい。

レポートワーク

【1】　身の回りで起こった，セキュリティインシデントについて挙げよ。
【2】　DoS（サービス拒否）攻撃を防ぐには，どうしたらよいかについて考えよ。
【3】　利用している SNS などのアカウントが乗っ取られたことがわかった場合，あなたはどうするかについて，理想と現実に分けて考えよ。

6

アプリケーションセキュリティ

6.1 電子メールセキュリティ

電子メールは古くから利用されている技術のため，当初はセキュリティに対する考慮はほとんどされておらず，現在施されているセキュリティ対策は，すべて後から実装されたものである。そのため，脅威の存在が一般的となり，つねに防御をしていないといけなくなった現在では，電子メールを用いることによるリスクも高くなっている。しかし，さまざまな情報交換手段が提供されている現在でも，電子メールは広く一般的に用いられているツールである。LINE や X（旧 twitter）などは現在では利用者も多く広く用いられているが，一企業が提供しているサービスであり，その企業しかサービスを運用することができない。サービス内容や仕様の変更もその企業の都合で実施されることもある。電子メールは TCP/IP などのプロトコルと同様に RFC（Request For Comments）で仕様が公開されており，誰でも電子メールのサーバを立ち上げてサービスを提供しても構わない。そのため，現在でも電子メールが一般的に使われており，今後も使われ続けるであろう。

6.1.1 電子メールシステム

電子メールはメールサーバ，MTA（Mail Transfer Agent）と呼ばれるサーバ間のメールの転送と，メールサーバとメールソフト，メールクライアントなどの MUA（Message User Agent）間のメール転送から構成されている。サーバ

間の通信は SMTP（Simple Mail Transfer Protocol）が用いられる。サーバとメールクライアント間の通信では，クライアントからのメールの送信では SMTP，サーバからクライアントへのメールの受信は POP や IMAP などが使われる（**図6.1**）。これらのプロトコルは非暗号化のプロトコルであるが，現在では，それぞれのプロトコルの暗号化に対応したプロトコルや，認証と組み合わせて不正アクセスを防ぐプロトコルが存在する（**表6.1**，**表6.2**）。これらのセキュリティ

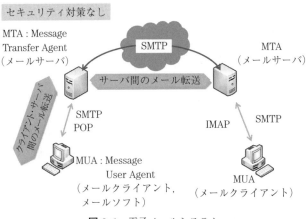

図6.1　電子メールシステム

表6.1　電子メールのセキュリティ（1）

セキュリティ対策なし		セキュリティ対策を考慮	
POP （Post Office Protocol）	MTA のメールを MUA が取得（ダウンロード）する。	APOP	パスワードを MD5 で暗号化
		POP3S （POP3 over SSL）	POP 通信を暗号化
IMAP （Internet Messages Access Protocol）	MTA のメールに MUA がアクセスし，操作する。	IMAPS	IMAP 通信を暗号化
SMTP （Simple Message Transfer Protocol）	電子メールの転送プロトコル。	SMTP-AUTH （AUTHentication）	メール送信時に認証を実施。踏み台防止策。
		SMTPS	MTA と MUA 間の通信の暗号化

表 6.2 電子メールのセキュリティ（2）

電子メールの暗号化	
PGP （Pretty Good Privacy）	公開鍵暗号方式によってメール本体を暗号化する。 対応した MUA（メールソフト）を使う。
S/MIME （Secure Multipurpose Internet Mail Extensions）	公開鍵暗号方式によってメール本体を暗号化する。 対応した MUA（メールソフト）を使う。

対策に対応したプロトコルは，メールサーバとメールクライアント間の通信で用いられる。電子メールサーバ間の通信では，暗号化されていない SMTP が用いられている。

6.1.2 電子メールシステムの暗号化

電子メールで使われるプロトコルの暗号化はメール転送に関わる暗号化であるが，これらのプロトコルで転送されるメール本体に対する暗号化技術もある。

PGP（Pretty Good Privacy）は，公開鍵暗号方式によってメール本体を暗号化する。PGP を利用するには，送信側と受信側の両方で MUA が PGP に対応している必要がある。また，送信者の公開鍵を入手しなければ，受信者は復号できないため，あらかじめ公開鍵のファイルを共有しておく必要がある。送信

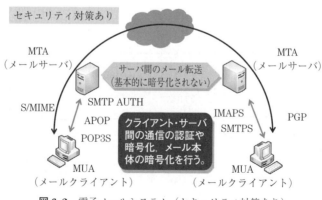

図 6.2 電子メールシステム（セキュリティ対策あり）

者がWebサイトで自分がもっている秘密鍵とペアの公開鍵のファイルを公開するか，事前に公開鍵のファイルを共有しておく必要がある。また，相手もPGPに対応したMUAを利用していないといけないため，一般的には用いられていない。

S/MIME（Secure Multipurpose Internet Mail Extensions）も公開鍵暗号方式によってメール本体を暗号化する技術であり，対応したMUAを使う必要がある（図**6.2**）。

6.1.3　PPAP

電子メールのメール本体を暗号化するには，ある程度の公開鍵の知識や事前準備，相手も環境を整える必要があり，一般的には用いられていない。電子メールにはファイルを添付して送信する機能があるため，添付ファイルを暗号化して圧縮することは多く用いられている。メール本文には重要な内容や秘密にしておきたい内容は記述せずに，鍵となるパスコードを設定した暗号化ファイルとして添付して送信すると，パスコードを知られない限りは安全に情報を送信することができそうである。パスコードで暗号化してファイルを圧縮する方式はいくつかあるが，ZIPファイルフォーマットが広く普及している。多くのOSが標準環境で扱えることもあり，ZIPファイルフォーマットのファイルを受け取っても展開できないということが少ないこともあり，多く用いられている。

しかし，パスコードで暗号化圧縮したZIPファイルフォーマットの圧縮ファイルを展開するには，パスコードを知る必要がある。そこで，安全に相手にパスコードを送信しなければならない。ZIPファイルフォーマットは広く用いられているため，セキュリティの知識や意識が乏しい利用者も多く，とりあえずパスコードを設定すれば安全であるとしてパスコードの扱いが安全ではないことが多い。特に電子メールの添付ファイルとして「パスワード（Password）付きZIPを送り」，つぎに別メールで同じ相手に「パスワード（Password）を送ります」としてパスコードをメール本体に記述して送るという，「暗号化

（Angouka)」ファイルの送信「手順（Protocol)」が用いられることがある。これを PPAP 総研の大泰司章氏が PPAP と命名し，注意喚起を行った。

この手順ではメールが盗聴されていると，暗号化ファイルとつぎに送信されたパスワードも盗聴されてしまうことが考えられる。暗号化対象データと同じ経路，手段で暗号化の鍵（パスコード）も送信すると，攻撃者は両方窃取可能になる。また，メールの添付ファイルは多くのマルウェア対策ソフトで検査対象となっているが，暗号化された添付ファイルはマルウェア対策ソフトなどでファイルの中身の検査をすることができない。これらの問題点から，PPAP はセキュリティ対策として利用しないほうがよい（**図 6.3**)。

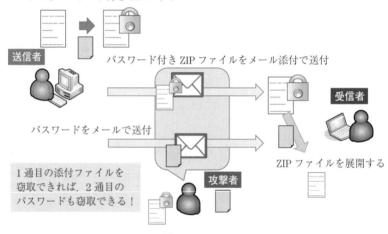

図 6.3 PPAP

現在では電子メール以外にもファイルを送信することや，共有する手段が一般的になっているため，安全に送信したファイルはクラウドの認証連携ストレージサービスを用いるか，認証が必要なビジネスチャットのファイルアップロード機能を用いる，などの手段を用いるべきである。

6.1.4 迷惑メール対策
自分が望んでいないのに送信されてくるメールを迷惑メールと呼ぶ。UBE

(Unsolicited Bulk Email) や UCE (Unsolicited Commercial Email)，SPAM など
とも呼ばれる。広告収入などを目的として不特定多数に送信されることや，マ
ルウェアに感染した PC (ゾンビ PC) などからもマルウェアの感染や乗っ取り
などを目的として送信されることもある。電子メールはプログラムやソフト
ウェアを用いると，複数の宛先に大量のメールを送信することが簡単にできて
しまう。迷惑メールの送信コストは低いため，大量の迷惑メールが送信されて
いる。

　電子メールはインターネットより前から実用化された技術であり，基本的に
はセキュリティ機能はすべて後から対策を施している。根本的に迷惑メールの
送信をできないようにすることは難しく，送信後の途中の経路や受信側での対
策が中心である。

　迷惑メール対策の基本は，メールフィルタリングである。メールヘッダや本
文の内容から迷惑メールであるか判断して，迷惑メールと判断されるとその
メールを隔離したり破棄したりする。電子メールのヘッダ部分に送信者のメー
ルアドレスや，送信に使ったアプリケーションなどの情報が記載されている
が，これらの情報の改竄は容易に行える。メールにファイルを添付することも
可能で，このファイルにマルウェアが含まれていることもある。添付ファイル
やメール本文を暗号することもでき，暗号化された場合は内容の確認が難し
い。そのため，メールフィルタを実装していても迷惑メールが受信者に届くこ
ともあり，受信者側で迷惑メールであるか判断できることが重要である。

　迷惑メールは組織外の WAN から送信される場合と，マルウェアに感染した
コンピュータや不正アクセスで乗っ取られたアカウント，悪意をもった迷惑
メール送信者が組織内の LAN から送信する場合も考えられる。メールフィル
タリング機能は，MTA や MTA への WAN および LAN からの通信経路，LAN
内のコンピュータなどへの実装が必要となる。LAN 内に MTA を設置する場合
は，WAN からの IMAP や POP などの MUA からの接続を禁止するか，LAN か
らの接続についてもメール送信時に認証を行い，第三者によるメール送信の防
止などの対策が必要である（**図 6.4**）。

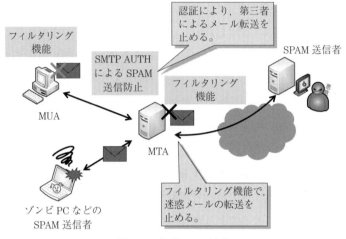

図 6.4 迷惑メール対策

　組織外のメールサービスを利用する際には，SMTP，IMAP，POP の接続には OAuth の利用を前提とするなど，認証とメールの手続きを分離させセキュリティ性を高めることができる。Web UI による Web メールでは TLS などの通信の暗号化に対応できメールの盗聴対策になるが，IPS や WAF などで暗号化された通信に対しては通信内容の解析ができないことがあり，機能に制限がでてきてしまう。

6.1.5　メールのブラックリスト

　メールサーバやドメインから迷惑メールが大量に送信されると，ブラックリストと呼ばれる一覧に登録され，他のメールサーバなどとメールの送受信ができなくなることがある。メールサービスを提供している企業やブラックリストを作成・公開している団体などがあり，迷惑メールを送信しているメールサーバやドメインの情報を収集している。危険なメールサーバやドメインと判断されるとブラックリストに掲載され，そのブラックリストを参照しているメールサーバなどはメールの送受信を遮断する仕組みがある（**図 6.5**，**図 6.6**）。

　すべてのメールサーバがブラックリストを参照しているわけではなくブラッ

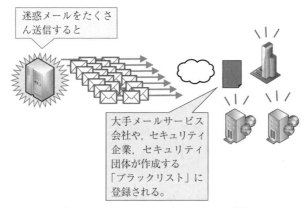

図 **6**.5　メールのブラックリストへの登録

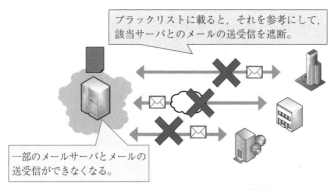

図 **6**.6　メールのブラックリストによる遮断

クリストも数種類あるため，ブラックリストに掲載されると一部のメールが届かなかったり，エラーが返信されたりするようになる。このような状態は，ユーザーは気づきにくく対策も難しいため，情報システムの管理部門などがエラーメールやメールの送受信状態を監視したり，ブラックリストに管理しているサーバやドメインが掲載されていないか確認したりすることが必要である。ブラックリストに掲載されているかは，ブラックリスト作成団体などで確認できることが多い。

　学生や社員などにメールを用いて周知などをしている場合，その組織のメー

ルサーバやドメインがブラックリストに掲載されると，メールサーバで直接
メールを確認するとメールは届いているが，スマートフォン用などの他のメー
ルアドレスに転送している人の中で一部の人がメールを受信できていない状態
になる。このような場合，メールが受信できなかった人はそのことに気づきに
くいため周知が届かない状況が続いてしまうこともある。メール以外にも
Web サイトなどで同じ周知を確認できるようにするか，グループウェアや情
報交換サービスの併用などもしておくとよい。

6.2　Web アプリケーションセキュリティ

6.2.1　WWW の仕組み

　現在インターネットを用いる手段として一般的になった，Web サイトを閲
覧する仕組みを WWW（World Wide Web）と呼ぶ。WWW は，WWW サーバと
WWW クライアントから構成され，WWW クライアントは WWW ブラウザと呼
ばれる。WWW ブラウザが WWW サーバにアクセスし，HTML ファイルや画像
ファイルなど Web ページを構成するファイルをダウンロードする。WWW ブ
ラウザは，ダウンロードしたファイルを HTML や CSS などに従って文字や画
像などを配置し，色をつけたり文字の大きさを変えたりして Web サイトを表
示する。WWW ブラウザ以外のプログラムでも WWW サーバにアクセスするこ
とができる。WWW サーバでは，プログラムが HTML ファイルなどを動的に
作成して，その都度送信することもできる。

　当初の WWW サイトは WWW サーバに保存されているファイルをダウンロー
ドして，WWW ブラウザで Web ページとして表示していたが，現在では，
WWW サーバ，WWW ブラウザのどちらでもプログラムを動かすことができ，
動的にファイルを生成することや，マウスやキーボードなどの操作に連動して
WWW ページを変化させることもできる。このような仕組みを Web アプリケー
ションと呼ぶ（**図 6.7**）。Web アプリケーションは Web ブラウザから利用でき
るアプリケーションと捉えることもできる。

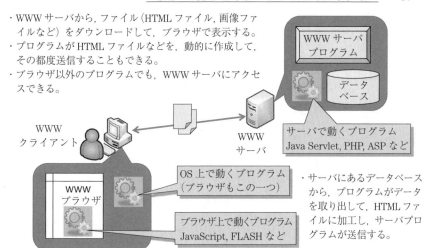

・WWW サーバから，ファイル（HTML ファイル，画像ファイルなど）をダウンロードして，ブラウザで表示する。
・プログラムが HTML ファイルなどを，動的に作成して，その都度送信することもできる。
・ブラウザ以外のプログラムでも，WWW サーバにアクセスできる。

WWW サーバ
プログラム

データベース

WWW
クライアント

WWW
サーバ

サーバで動くプログラム
Java Servlet, PHP, ASP など

WWW
ブラウザ

OS 上で動くプログラム
（ブラウザもこの一つ）

・サーバにあるデータベースから，プログラムがデータを取り出して，HTML ファイルに加工し，サーバプログラムが送信する。

ブラウザ上で動くプログラム
JavaScript, FLASH など

図 6.7 WWW の仕組み

6.2.2 Web アプリケーションの構成

Web アプリケーションは，サーバ側が WWW サーバ（HTTPD）だけでなく，アプリケーションサーバ，DBMS サーバなどから構成されている。WWW サーバは，Web サイトを構成し，WWW ブラウザなどから利用者の入力値やマウスの動きをアプリケーションサーバのプログラムに伝える。アプリケーションサーバは，利用者からの入力に基づいて，データベースとのデータの入出力や，画面表示用の HTML ファイルや CSS ファイルの生成などを行うプログラムを実行する。DBMS サーバは，大量のデータをデータベースで効率よく管理・運用する。アプリケーションサーバのプログラムから，おもに SQL による問合せでデータの入出力や検索を行う。

現在では，これらのサーバ群は仮想化されてデータセンターなどのクラウドシステム上で動作していることが一般的である（**図 6.8**）。

6.2.3 コードインジェクションとエスケープ処理

Web サイトや Web アプリケーションにはさまざまな脅威が存在するが，基本的な攻撃手法にコードインジェクションがある。コードインジェクション

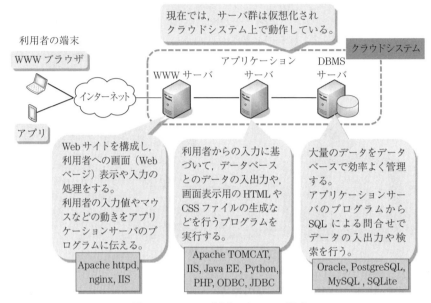

図 6.8 Web アプリケーションの構成

は、Web ページでフォームなどによって値を入力する仕組みで、対策をして
いない場合に有効になる攻撃手法である。

　利用者に Web ページのテキストボックスから文字列を入力させ、その値を
サーバで処理をする仕組みは、多くの Web アプリケーションで用いられてい
る。簡単な例として、入力した文字列の内容を Web ページで表示する仕組み
があったとする。入力値を Web ページで表示するということは、表示すると
きは HTML として記述されて解釈されることになる。

　この仕組みで、利用者が Web ブラウザで実行できる HTML のコードとして
スクリプトを文字列として入力したとする。この入力された文字列をそのまま
Web ページで表示すると、入力されたスクリプトがブラウザで実行されてし
まう。これをコードインジェクションと呼ぶ。利用者が任意のプログラム（ス
クリプト）を Web ブラウザで実行できてしまう。入力された文字列が悪意の
あるスクリプトであれば、そのスクリプトがブラウザで実行されてしまうとよ
くないことが起こってしまう（**図 6.9 ～ 図 6.11**）。

① Web サイトの利用者が，テキストボックスから文字列を入力する
Web ページがあったとする。

② Web ページで，利用者が入力した文字列の内容を
Web ページで表示する仕組みを作ったとする。
（Web ページで表示するということは，HTML として解釈される）

図 6.9　コードインジェクションとエスケープ処理（ 1 ）

③ 利用者が Web ブラウザで実行できる HTML のコード
として，スクリプトを入力したとする。

・HTML でのスクリプトの記述
        <script type="text/javascript">
            【悪いことをする JavaScript が書いてある】
        </script>

図 6.10　コードインジェクションとエスケープ処理（ 2 ）

④ Web ブラウザで利用者が入力した内容を表示すると，入力
されたスクリプトがブラウザで実行されてしまう。

→コードインジェクション

ブラウザで表示するときに，ブラウザが HTML を解釈して出力する（スクリプトが実行される）。

⑤ 悪意のあるスクリプトだと，よくないことが起こる。

図 6.11　コードインジェクションとエスケープ処理（ 3 ）

　コードインジェクションを防ぐためには，エスケープ処理と呼ばれる対策が
ある。入力された文字列にスクリプトなどを記述できる記号があれば，その文
字をブラウザで表示される文字は同じであるが，HTML での記述は他の文字と
なる文字列に置き換えることによりスクリプトの実行を防ぐことができる。
「<」，「>」，「"」，「'」，「&」などの文字は，「<」，「>」，「"」，「'」，
「&」などに置き換えると，ブラウザでの表示は「<」，「>」，「"」，「'」，「&」
であるが，HTML で扱う文字列は，「<」，「>」，「"」，「'」，
「&」なので，ブラウザはスクリプトを実行するような処理を行わない（**図
6.12**）。

図6.12　コードインジェクションとエスケープ処理（4）

6.2.4　クロスサイトスクリプティング

　クロスサイトスクリプティング（Cross Site Scripting：XSS）は，悪意のあ
る Web サイトから，スクリプトが埋め込み可能な脆弱性がある Web アプリケー
ションを経由して，利用者のブラウザで悪意のあるスクリプトを実行する攻撃
手法である。攻撃者は脆弱性のあるサーバを見つけておく。攻撃者はターゲッ
トに対して悪意のある Web サイトや電子メールを閲覧させる。悪意のある
Web サイトや電子メールを閲覧すると，あらかじめ攻撃者が見つけておいた
脆弱性のある Web サーバに脆弱性につけ込むスクリプトをターゲットの Web
ブラウザやメールソフトから送信させる。脆弱性のある Web サーバから悪意
のあるスクリプトを含む Web ページがターゲットのブラウザに送信される。
ターゲットのブラウザで悪意のあるスクリプトが実行され，偽ページの表示や
個人情報の漏洩が発生する。ターゲットにとっては，知らないうちに意図しな
いサーバを経由（クロスサイト）して悪意のあるスクリプトが生成され（スク
リプティング）送り込まれてしまうので，クロスサイトスクリプティングと呼

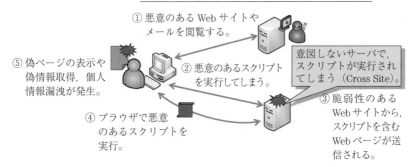

① 悪意のある Web サイトや
　メールを閲覧する。

意図しないサーバで，
スクリプトが実行され
てしまう（Cross Site）。

⑤ 偽ページの表示や
　偽情報取得，個人
　情報漏洩が発生。

② 悪意のあるスクリプト
　を実行してしまう。

③ 脆弱性のある
　Web サイトから，
　スクリプトを含む
　Web ページが送
　信される。

④ ブラウザで悪意
　のあるスクリプトを
　実行。

図 6.13　クロスサイトスクリプティング

ばれる（**図 6.13**）。

　クロスサイトスクリプティングの被害の例としては，ターゲットのブラウザ
で実行されたスクリプトが Cookie などの個人情報を漏洩させることや，フィッ
シングなどの偽ページをなりすまして表示し，偽ページに入力した個人情報な
どが漏洩すること，さらに偽ページで本来のページの持ち主が信頼を失うなど
がある。現在でも多くの被害が発生している攻撃手法である。

　対策としては，Web ページに出力するすべての要素に対して，エスケープ
処理を施し，意図しないスクリプトを実行させないようにする。さらに，URL
（Uniform Resource Locator）のリンクにスクリプトの記述があるとスクリプト
が実行されてしまうことがあるので，URL を出力するときは「https://」また
は「http://」で始まる URL のみを許可するようにする。スタイルシートでもス
クリプトを実行させることができるので，スタイルシートの指定では外部から
指定できないようして任意のサイトからスタイルシートを取り込めないように
する，などの対策が必要である。これは，Web サイトや Web アプリケーショ
ンの作成するときに対策を作り込んでおく必要がある。よって，安全な Web
サイトや Web アプリケーションを作成するには，きれいに表示される Web ペー
ジや Web アプリケーションがきちんと動作する技術と知識をもっているだけ
でなく，これらの対策をとることができる必要がある。

6.2.5　リクエスト強要

　リスエスト強要，クロスサイトリクエストフォージェリ（Cross Site Request Forgery：CSRF）は，ログインなどをしている Web サイトを閲覧しているとき，そのサイトとは別の罠のサイトからリンクを踏ませることにより，ログインしている Web サイトで意図しない動作をさせる攻撃手法である。攻撃者は罠の Web サイトを用意しておく。ターゲットはログインをして正規の Web サイトを利用しているときに，メールや Web ページ内のリンクなどから攻撃者が用意した罠の Web サイトを閲覧させ，罠の Web サイトから攻撃者はターゲットがログインしている Web サイトへ意図しない動作を強要させる。その結果，ターゲットがログインしていた正規の Web サイトで勝手に操作をされてしまう。異なる Web サイトをまたいで（Cross Site），正規の Web サイトに偽（Forgery）の情報送信（Request）を強要させるので，クロスサイトリクエストフォージェリと呼ばれる（**図 6.14**）。

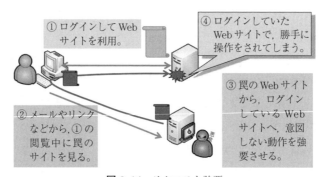

図 6.14　リクエスト強要

　クロスサイトリクエストフォージェリの被害の例としては，勝手に会員サイトの退会処理をされてしまうこと，勝手にパスワードを変更されること，意図しない書き込みを電子掲示板に書いてしまうこと，意図しないメッセージを投稿してしまうことなど，ログインをしないとできないことを，ログインをしている人になりすまして勝手に実行してしまう。

　クロスサイトリクエストフォージェリの対策は，会員制などのログインが必

要な Web サイトで処理をする前に再度パスワード入力などの認証を行うように
して，認証を通らないと処理をさせないようにすること，Referer を確認し，
正規のページからのリンクで該当ページにたどり着いているかを確認するこ
と，秘密の情報を Web ページに挿入しておき（POST メソッドで処理ページ
にアクセスさせ，hidden パラメータで乱数などの秘密の情報を挿入しておく），
処理の実行前に秘密の情報を確認して正規のページではないページからの遷移
を防ぐことなどの方法がある。

　遠隔操作事件やなりすまし事件は，クロスサイトリクエストフォージェリを
利用して実行することができる。2012 年に発生した「パソコン遠隔操作事件」
では，Web サイトに殺害予告などを投稿したとして数名が逮捕されたが，逮
捕された人はクロスサイトリクエストフォージェリなどでパソコンを遠隔操作
されて意図せずそれらの投稿をしていたとされ，その後釈放された事件であ
る。この事件では，真犯人は巨大掲示板サイトから誘導して遠隔操作させるト
ロイの木馬をダウンロードさせ，それを実行した人のパソコンから他の掲示板
サイトに真犯人が遠隔操作で違法な書き込みなどをしていたといわれている。

6.2.6　SQL インジェクション

　データベースと連動する Web サイトに対し，SQL（データベースへの問合せ，
操作命令）文を生成させてデータベースを操作する攻撃手法を SQL インジェ
クションと呼ぶ。攻撃者はターゲットの Web サイトにデータベースへの命令
文（SQL 文）を構成する文字列をテキストボックスなどから入力するコード
インジェクションで，悪意のあるデータベースへのアクセスを実行させる。
ターゲットの Web サイトでは SQL 文がデータベースに対して実行され，デー
タベースから不正に情報を取り出すことや，データベースの情報の改竄・消去
などを行う。これにより，情報漏洩や情報の改竄・消去などの被害が発生する。
さらに個人情報や顧客情報などの流出や掲示板などでの公開などにもつながる
（**図 6.15**）。

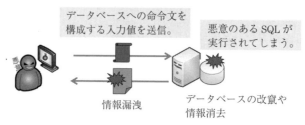

図 6.15 SQL インジェクション

　対策としては，SQL 文を構成するすべての変数や演算結果に対してエスケープ処理を行い，スクリプトや SQL 文として実行できないようにすることや，SQL を実行させる場合に雛形の SQL 文を用意しておき，値が変化する部分（プレースホルダ）に入力された実際の値（バインド値）を後から当てはめて SQL 文を構成する「バインド機構」を利用することなどがある。

　2011 年に大きな被害が発生した「LIZAMOON 攻撃」では，SQL インジェクションが可能なターゲットの Web サイトに対し，攻撃者が SQL インジェクションで偽のサイトに誘導するリンクを埋め込んでおき，ターゲットの Web サイトの利用者に偽の警告文書を表示させてトロイの木馬をダウンロードさせ，個人情報が不正に入手された。LIZAMOON 攻撃では，ターゲットとなった Web サイトのデータベースが被害を受けただけでなく，改竄したデータベースの情報から偽サイトへのリンクをターゲット Web サイトで生成・表示させ，ターゲット Web サイトの利用者から個人情報を不正に入手しており，データベースの情報の被害だけにとどまらない被害が発生している。

6.2.7　OS コマンドインジェクション

　OS コマンドインジェクション（OS command injection）は，悪意のあるリクエストを送信し，Web サイト側のサーバで OS のコマンドを実行させて意図しない動作をさせる攻撃手法である。攻撃者は脆弱性のある Web サイトに対し，外部プログラムの呼び出しや CGI での文字列入力時に OS コマンドを含む攻撃リクエストを送信する。Web サイトでは攻撃リクエストの処理により，

シェルなどで OS コマンドが実行され不正な動作をしてしまう。サーバでのコマンド実行なので，サーバ操作でさまざまなことを不正動作させることができ，情報漏洩や他のシステムへの攻撃などが実行される（**図 6.16**）。

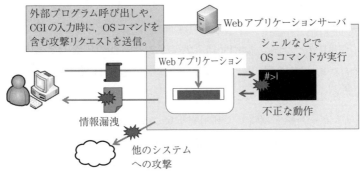

図 6.16 OS コマンドインジェクション

OS コマンドインジェクションの脆弱性は，無線 LAN ルータの管理画面で任意の OS コマンドが実行可能であった組込みシステムでの例や，Web サイトの CMS（Contents Management System）の管理画面で任意の OS コマンドが実行可能であった例などがある。これらの例では，組込みシステムの製品や，広く使われているアプリケーション（CMS）などのバージョンアップを実行しないと，OS コマンドインジェクションを防ぐことができない。これらのバージョンアップを実施していない場合はいつまでもその脆弱性が存在することになるが，無線 LAN ルータや CMS の利用者の多くはバージョンアップ作業を頻繁に行っているとは限らないため，同じ脆弱性での被害が継続して発生することもある。

OS コマンドインジェクションの対策としては，Web アプリケーションでシェルを起動できる言語機能を使わないようにすることが重要である。Perl では open 関数，PHP の exec( )，shell_exec( )，Python の os.system( )，os_popen や，Ruby の exec( )，system( )，open( ) などである。

6.2.8 ハードコーディングによる脆弱性

ハードコーディング（hard coding）とは，データをプログラムのソースコードに直接記述することである。パスワードや暗号化の鍵などがハードコーディングされていると，ソースコードの公開・漏洩やリバースエンジニアリングなどでそれらも漏洩してしまい脆弱性となる。

Web アプリケーションなどでは，データベースへのアクセスなどのプログラムでパスワードなどを用いることがある。その場合は対策として暗号化をしたりハッシュ値を用いたりして直接パスワードなどを記述しないことや，データベースなどから値を取得して利用するなどの手法がある。

パスワードや暗号化の鍵などの漏洩のほかにも，一般的にプログラム作成時にはハードコーディングを避けるべき事例がある。例えば消費税の計算プログラムにおいて，税率をハードコーディングしてしまうと，税率が変更になったときに計算式を書き換えなければならず，税率を記載している箇所をすべて探して修正する必要がある。この場合，税率を変数に代入するようにしておき，計算時には変数の値を用いるようにすると，税率変更時にも変数への代入値を変更すればよい。プログラムも Web サイトと同様に，正しく動けばよい，エラーやワーニングが出なければよい，ではなくセキュリティ性なども考慮して日頃からソースコードを記述できるようにしておくべきである。

6.2.9 セッション管理不備

Web アプリケーションでは，同一の利用者であることを識別するために，セッション管理を行うことがある（**図 6.17**）。

サーバから見ると同じ IP アドレスからのアクセスであっても，同じ利用者からのアクセスとは限らない。例えば，利用者側のネットワークが NAPT 環境であったり，同じコンピュータを複数の人で使う環境であったりする場合は，同じ IP アドレスからのアクセスでも，利用者は異なることがありうる。会員制の Web サイトや Web アプリケーションなどでは，同じ利用者からのアクセスであることを識別して表示する Web ページ表示や情報処理を正しく実

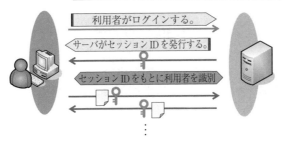

図 6.17 セッション管理

行する必要がある。セッション管理は，ログインした利用者にサーバからセッ
ション ID を発行し，セッション ID をもとに利用者を識別する。セッション
ID は文字や数値で構成された文字列を用いることが多い。このセッション管
理に不備があると，セッションを乗っ取られ悪意のある攻撃者が利用者になり
すまして操作をすることが可能となる（**図 6.18**）。

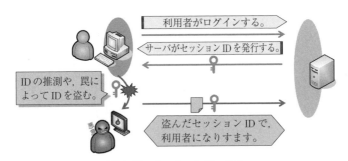

図 6.18 セッション乗っ取り

　セッション ID の盗用を防ぐには，セッション ID の生成アルゴリズムを複雑
なものにして予測不可能なものにすることや，セッション ID を URL パラメー
タに格納しないようにして利用者の Web ブラウザからリンク先のサイトに
セッション ID を送信しないようにすること，HTTPS でのみセッション ID の
通信を行い，暗号化した通信でセッション ID の通信を行うことがある。同様
に Cookie に secure 属性を加え，Cookie を HTTPS でのみ送付するようにする
などの対策がある。

レポートワーク

【1】 各自の環境において，迷惑メールがどのように処理されているか確認せよ。

【2】 各自の環境においてファイルを送付するとき，電子メール以外の方法で送付する手段を挙げよ。

【3】 過去1か月に発生したセキュリティインシデントについて調べ，原因の種類ごとにインシデントを分別せよ。

　　　原因の種類：クロスサイトスクリプティング，リクエスト強要，SQL インジェクション，OS コマンドインジェクション，ハードコーディングによる脆弱性，セッション管理不備

7

物理的なセキュリティ対策

7.1 物理的に実施するセキュリティ対策

セキュリティ対策というと，ファイアウォールやIPS，マルウェア対策ソフトウェアなどネットワークやコンピュータシステムへの対策を思いつくが，データセンターやサーバ室などの入退室の対策や火災報知器，UPS（Uninterruptible Power Supply：無停電電源装置）の設置などの物理的な対策も重要である。

7.1.1 ゾーニング

IT企業などを訪問すると，入口には社名の看板と電話機が置いてあるだけのところが多い。電話機を使って社内の人に自分の所属と名前，訪問の目的などを伝えるとようやく扉の中に入ることができる。扉の中に入っても受付があり，会議室らしき入口がある程度で，社員が働いているところは見えなかったりする。これは社内のエリアを所属や業務内容などで立ち入りできる人のアクセスレベルで制限して区分けをするゾーニングをしているからである。お客様や取引先の人など社外の人も出入り可能なエントランスや，受付，来客用ミーティングスペースなどのパブリックエリア，一般従業員が業務を行う机や作業場があるオフィスエリア，社員でも権限をもつ人だけが入室可能なセキュリティエリアなどに区分けをする。それぞれのエリアは別の部屋になっていたり，パーティションで分かれていたりする。サーバ室や機密文書の保管庫など

はIDカードや生体認証などを使った入退室管理装置を通過しないと入室できないようになっている（**図7.1**）。大学では，研究室への出入りもそれほど厳重ではないところが多いが，企業などでは研究や開発を行っている部署は秘密を守るために厳重に区分けされ管理されていることが多い。企業だけでなく大学などでも研究や開発の内容は重要な機密情報である。

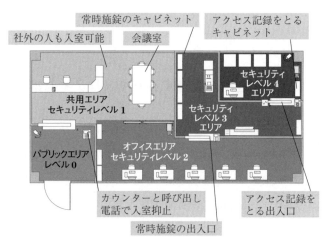

図7.1 セキュリティレベル区分の例

7.1.2 アンチパスバック機能

入退室が管理されている部屋における入退室処理で，「共連れ」などにより入退室の不正や矛盾の発生を防止する機能をアンチパスバック機能という。サーバ室などのIDカードなどで入退室管理を行っている部屋に，AさんとBさんが同時にAさんのIDカードだけを使って入室したとする。これを共連れという（**図7.2**）。実際には，部屋の中にはAさんとBさんの2人がいるが，入退室管理システムでは，IDカードを使ったAさんしかいないことになる。ここで，AさんだけがこのAさんだけがこの部屋から退室すると，Bさんは部屋の中にいる。入退室管理システムでは，Bさんは部屋に入ったことになっていないので，部屋の中には誰もいないことになり，Bさんの存在は矛盾していることになる。このような状況を防ぐために，アンチパスバック機能が必要なのである。

① Aさんと Bさんが,
　同時に Aさんの ID
　で入室（共連れ）。

入退室管理装置

② 部屋の中には
　Aさんと Bさんが
　いるが, 入退室
　管理システムでは,
　Aさんしかいない。

③ Aさんが退室。

④ Bさんは, 部屋に
　入ったことになって
　いないので, Bさん
　は退室できない!?

図 7.2　アンチパスバック機能が必要な例

アンチパスバック機能の実装には, ローカルアンチパスバックとグローバルアンチパスバックがある。ローカルアンチパスバックは, 入退室時に同一のIDカードや生体情報を利用する連続した入退室を監視する。グローバルアンチパスバックは, 複数の部屋や建物全体にわたり入室者と退室者を管理し, 人の部屋の移動を追跡する。全体での入退室回数の照合を行い, 矛盾を監視する。

7.2　災害への対策

セキュリティは悪意をもって行われる事象に対しての取組みや仕組みであり, 災害や事故などの悪意のない現象についてはセーフティとして区別することもある。本書では情報システムを取り扱う際には, セーフティの範囲である災害や事故などによる脅威の影響への対策や考慮も必要なため, 対策について説明する。

災害は人為的な原因による人為的災害（人災）と, 異常な自然現象による自然災害に分けることができる。人為災害も自然災害も情報システムを設計する段階から運用段階において対策を実施する必要がある。

情報システムの災害に対する対策はおもに「地震対策」,「水害対策」,「雷対策」,「火災対策」がある。それぞれの災害で発生する頻度や発生した場合の被害の大きさなどに差があり, 複数の災害が同時に発生したり因果関係をもって他の災害を引き起こしたりする場合もある。特に情報システムの場合は電源が

失われると動作しないため,「停電対策」も重要である。基本的に情報システムは稼働を停止することなく連続してサービスを提供しなくてはならないが,停電はさまざまな災害により発生することがあるため,さまざまな停電対策が必要である(**図7.3**)。

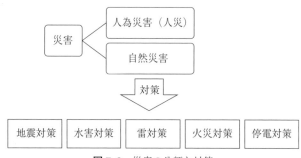

図7.3　災害の分類と対策

　また,地震の揺れや浸水,焼失などの直接的な被害に対する対策だけでなく,災害後の復旧や情報システムの運用,代替手段,対応人員などについても,通常時から検討して準備をしておくことも重要である。被害確認や復旧の手順や代替手段の検討,被害や復旧状況の周知方法について担当者や手順をあらかじめ決め,それらの記録したファイルをクラウドのストレージや印刷しておきネットワークが使えない場合や停電の場合にも確認できるようにしておく。大規模災害時にもスマートフォンなどのキャリアの移動通信システムは利用できることや復旧が早いことが多いので,スマートフォンへの充電手段を確保しておくとクラウドサービスにアクセスしてさまざまな手段を使うことができる。

　クラウドシステムの利用は多くの災害対策にもなるため,情報システム設計時から災害対策としてのクラウド利用も考慮しておくとよい。東日本と西日本にデータセンターを設置してデータを地理的に離れた複数箇所に保存しているなど,クラウドシステムの提供業者自体が大規模な災害への対策をとっていることもある。

　ある程度大規模な情報システムの場合は,機器を設置する建物の設計時に災害対策を考慮していることが望ましいが,ある程度大型の機器の搬入ができる

ような搬入経路の確保や，物理的なセキュリティも考慮しないといけないため，すべての要件を満足することは難しいことが多い。

情報システムの導入目的やそれぞれの組織や設置場所の条件から，何を優先するべきか検討し情報システムを設計，導入するようにするとよい。自治体などで公開されているハザードマップで設置場所の状況を確認して，どのような災害が発生する可能性が高いかなども調査しておくべきである。

7.2.1 地 震 対 策

地震は揺れによる被害のほかに，停電や火災，水害，さらに地震の大きさは地理的な要因によっては津波やがけ崩れといった他の災害による被害も複合的に発生する場合がある。地震対策の基本は揺れへの対策であり，コンピュータ本体個別の対策から部屋や建物全体での対策などの手段がある。

机上に設置するパソコンなどの本体や周辺機器については，金具などによるネジ止めや耐震粘着ゴム，粘着シートなどによる固定が有効である。コンピュータ演習室などのように人の出入りが多くパソコンなどの台数も多く設置されている場所では，ディスプレイや本体を粘着ゴムなどで固定し，キーボードやマウスなどもケンジントンロックやワイヤーなどで盗難防止も含めて移動範囲を制限しておくと落下防止にもなる。スマートフォンやタブレット端末，ノートパソコンなど移動を前提としている機器は，これらの固定による対策は難しいが，使用していないときに丈夫な入れ物にしまっておくなどの対策も有効である。小型のスイッチングハブやルータ，アクセスポイントなどは，専用金具などで固定できるものは壁面などに固定し，できないものは粘着ゴムなどによる固定が有効である。小型のスイッチングハブなどでは，磁石で机やスチール家具などに固定できるものがあるが，ある程度大きな揺れに対しては外れる場合もあるので他の手段での固定も検討したほうがよい。

ラックマウントサーバなど19インチラックに収納できるものは，19インチラックに固定するとある程度落下などの対策になる。しかし，大きな地震や建物の高層階などに設置された場合は，19インチラック自体が転倒したり破損

したりすることがある。大規模なサーバ室などでは 19 インチラックを設置する場所を耐震，防振床にするなど，部屋全体で対策を実施することもできる。小規模なサーバ室や耐震，防振床などが設置できず通常の床やフリーアクセスの床に 19 インチラックを設置する場合は，注意が必要である。一般的には床やフリーアクセス下部の床面にボルトで固定するが，大きな揺れで 19 インチラックが破損することもある。ボルトなどで固定せずに床面に設置しただけの場合は位置がずれても 19 インチラックや設置機器が破損しない場合もあるが，ラックごと転倒してしまうこともある。19 インチラックを設置する場合には，大きな揺れの影響も考慮しておくことが重要である。

7.2.2 水　害　対　策

　情報システムを構成する機器は，基本的に電気製品であるので水没したり，水が機器内部に浸入したりすると故障の原因となってしまう。一般的にサーバ室などは水気がないところになっているが，水害で建物ごと浸水してしまうことも考えられる。サーバ室などは，2 階以上の階に設置することが望ましい。

　特に気をつけるのは一般的な水害による浸水だけでなく，屋内特有の水害にも気をつける必要がある。情報システム機器は稼働すると発熱する機器が多く，サーバ室など情報システムの機器が集積しているところではクーラーで継続的に冷却している。クーラーが稼働すると空気中の水分が結露して水が出てくるが，排水の不具合によりエアコンの室内機などから水が出てくることがある。この水が情報システムの機器にかかったり，上部から垂れてきた水が機器内にたまったりして故障の原因となることがある。エアコンに限らず，上階の水回りの配管や全館暖房のスチームの配管などから，腐食などにより漏水して情報システム機器内に水が浸入し，故障の原因となることもある。情報機器が直接水に触れていなくても，フリーアクセスの床下に気づかないうちに水がたまっていることもあるので注意が必要である。ほかにも一般的な屋根や外壁からの雨漏りなども考えられるが，これらの漏水などの対策は日常的に気をつけてサーバ室や機器などを点検しておくことが重要である。

7.2.3 雷　対　策

雷による情報システムへの被害は，建物や周辺への直接的な落雷だけでなく雷サージやそれらの影響による停電や火災などがある。落雷による高電圧，大電流により電気製品全般に故障や損壊が発生するが，「雷サージ」によっても同様のことが起こる。「雷サージ」とは，直接雷が落ちなくても雷雲や雷の影響で発生する瞬間的な高電圧とそれによって流れる大電流のことである（**図7.4**）。上空で雷が発生したり，雷雲が通過した場合に発生したりすることもあるので，雷が発生した後には情報システム機器に異常がないか確認すべきである。大学のキャンパスなどある程度の広い範囲にスイッチングハブなどが設置してある環境では，雷雲が通過した後にスイッチングハブが故障していることがあるので，管理システムなどで異常がないか確認するとともに，ネットワーク経由で情報が収集できない情報システム機器なども直接確認することが重要である。スイッチングハブなどは一部のポートだけに不具合が発生することもあるので，確認の際に注意が必要である。

図7.4　雷による雷サージ

雷対策としては機器の電源ケーブルやメタルの LAN ケーブルを抜くといった基本的な対策が有効であるが，サージ吸収機能付きの電源タップを使用するか，UPS の導入も有効である。落雷やサージによる大電圧，大電流だけでなく停電対策にも UPS は有効であるので，サーバ機器や情報システムの基幹部分には UPS を実装すべきである。雷が多く発生する地域の場合は，スイッチングハブなどの交換用予備機を用意しておき，すぐに交換できるような保守契

約などの対策をしておくとよい。

7.2.4 火 災 対 策

　火災による情報システムへの被害は，熱や炎による焼失などの直接的な被害のほかに消化作業に伴う被害もある。情報システムについても一般的な火災対策と同様に燃えやすいものを置かないなどの未然防止策や，煙探知器や自動火災報知設備の設置など早期発見・対処は重要である。スプリンクラーなどで水や泡を用いると情報システム機器が損傷してしまうため，ある程度のサーバ室などの場合には，燃焼連鎖反応を抑制するハロゲン化物や酸素濃度を低下させる不活性ガスを充満させる消化設備を設置する。これらのガスを充満させる消火装置が作動した場合には，内部にいると窒息してしまうので，火災が発生した場合は速やかに退室する必要がある。

7.2.5 停 電 対 策

　情報システム機器は電気製品のため，停電になると動作が停止してしまう。さらにサーバ機器などは，急な動作停止によりファイルなどに不具合が発生し再起動できなくなることもある。データベースなどが稼働している場合には，急な動作停止の影響でデータベース自体が壊れてしまったり，データに不整合が生じたりする場合もある。情報システムは動作を停止する場合にはある程度の時間をかけて停止手続きを正常に行わないと，不具合が発生してしまうことが多い。よって，停電が発生して急に動作が停止してしまわないように対策をとる必要がある。また，大規模な情報システムはシステム停止に伴うコストが高いため，停電時にもシステムを継続的に稼働させることもある。

　停電には送電線への落雷によって電線と地面の短絡が発生し，瞬間的に電圧低下が発生して起こる一瞬の停電である「瞬停」や，数分から数十分の停電，数時間から数日にわたる災害時の長時間の停電などがある。情報システムを運用するには，これらの停電を想定してさまざまな停電対策が実施されている。

　情報システムの停電対策として代表的な機器は，UPS である。UPS は比較

的容量の大きいバッテリーが実装された電源機器で，電源タップとUPSを接続し情報システム機器の電源ケーブルをUPSに接続して用いる（**図7.5**）。また，サーバ機器などとUSBやLANケーブルで接続しているサーバ機器や情報システムと接続する。

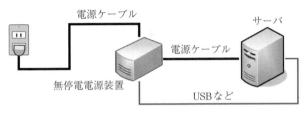

図7.5　無停電電源装置（UPS）の設置

　停電などで電源タップからの電力供給が停止するとUPS内部のバッテリーからサーバ機器などに電力供給を始め，設定した一定時間後にUSBやLANケーブルから電力供給が停止した信号を送信する。UPSのバッテリーで電力を供給している間に，電力供給が停止した信号を受け取ったサーバ機器や情報システムはシステムのシャットダウン動作を開始して安全にシャットダウンすることができる。このようにUPSは安全にシャットダウンするためのバッテリー容量しかなく，「無停電」とつくが停電しない装置ではない。また瞬停や数分の短時間の停電であれば，電力が復旧するまでUPSの電力供給で情報システムの稼働を継続させることもできる。UPSは停電が発生してから，サーバ機器や情報システムに停電の信号を送りシャットダウン動作を始めるまでの時間を設定することができる。この設定した時間より短い時間の停電であれば，シャットダウンせずに運転を継続することになる。またシステム設計の際にUPSに接続する機器の消費電力を見積もっておき，シャットダウンに必要な時間だけ電力供給できるバッテリー容量のUPSを接続しておく必要がある。UPSのバッテリー容量でまかないきれない消費電力の機器を接続していると，シャットダウン動作が終了する前にUPSからも電力供給が途絶えてしまい，情報システムなどに障害が発生することがある。UPSのバッテリーは鉛蓄電池やリチウムイオン電池が用いられるが，時間とともに蓄電能力が低下するた

め定期的な交換が必要である。能力が低下したバッテリーを使用し続けていると，停電のときにすぐに電源供給も停止してしまう。

UPS は数十分程度の電源供給が可能であるが，それ以上の停電の場合には発電機で対応することができる。大規模災害や電源の定期点検などで数時間停電したときには，UPS から電源供給をしている間に発電機を作動させ電源を切り替えて対応する。発電機での対応は，サーバ室や建物の設置時に発電システムも同時に導入しておくことが多く，ある程度の規模の情報システムの場合に導入される。発電機も定期的に動作確認をしておくことや，燃料が腐っていないかなども確認して必要であれば交換などの対応が必要である。日頃使い慣れていないシステムや機器を非常時に使おうとすると手順を間違えたりすることがあるので，非常用のシステムも通常時から使用手順を確認しておき，実際に動作させて状態を確認しておくとよい。

電源設備の点検などであらかじめ長時間停電することがわかっている場合には，電源車で対応することもできる。電源車のレンタルサービスを利用する際には，サーバ室などの対象機器を稼働させるために必要な電力量などを計算しておき，必要な台数をそろえる必要がある。サーバ室の電源設備と電源車を接続できるように，駐車場とサーバ室を近くに配置しておくなど，建物などの設計時に考慮しておくことも重要である。

レポートワーク

【1】　各自の環境において，ゾーニングがされている場所について列挙せよ。

【2】　各自の環境において，ゾーニングの区分方法について調べよ。
　　　　例：パーティションの設置，部屋で分けている，カードによる認証

【3】　身の回りで実施されている，各種災害に対する対策手段を挙げよ。

8

予 防 技 術

8.1 バックアップとリストア／リカバリ

　現在のコンピュータは，多くの情報をファイルとしてディスクドライブに保存している。特にハードディスクドライブ（Hard Disk Drive：HDD）の大容量化，低価格化によりサーバやパソコンにハードディスクが実装されている。HDD より高速に読み書きができ，HDD に匹敵する容量をもった SSD（Solid State Drive）も普及が進み，大容量化も進んでいる。SSD は HDD より小型化されているので，ノートパソコンやタブレット端末などの比較的小型のコンピュータに多く実装されている。現在の情報システムではおもに HDD や SSD に記録されたファイル群に対するバックアップが実施されている。

　バックアップ（back up）とは，システム破壊によってデータが失われないように，運用している記憶媒体（メディア）とは別の記憶媒体に，データやシステムを退避させることである。また，別の記憶媒体に退避させたデータやシステムのこともバックアップと呼ぶ。HDD や SSD は使用していると故障することがあり，特に HDD は回転部品があるため，壊れることを前提として運用すべきである[26]。運用中に何らかの原因で故障することのほかに，災害発生時に水没や火災，衝撃などにより壊れてしまい記録された情報（ファイル）が読み込めなくなることもある。また，誤った情報を正しい情報に上書きしてしまい，正しい情報が失われてしまうこともある。これらの状況に対して，記憶媒体のバックアップは有効な対策となる。また，ランサムウェアと呼ばれる

ファイルをパスワード付き暗号化するなどしてアクセスできないようにして，身代金を請求するマルウェアの被害が多く発生しているが，バックアップの存在はランサムウェア対策として有効である。

　バックアップされて退避したデータやシステムを，運用している記憶媒体などに戻すことをリストア（restore）と呼ぶ。また，事故が発生したときに退避してある媒体からデータやシステムを回復することをリカバリ（recovery）と呼ぶ。リカバリはリストア後にできる限り最新情報を反映して復旧する意を含むことが多い。また，システムを出荷状態に戻すこともリカバリという。

8.1.1　情報システムのバックアップ

　現在の情報システムはクラウドシステムとして構成されていることが多い。仮想化システムを用いていても，ファイル自体はストレージ専用サーバのHDD や SSD に記録されているので，ディスクの故障などに対する予防策としてのバックアップは必要である。

　バックアップやリストア／リカバリは，OS にバックアップツールなどが付属していることが多い。ほかにもバックアップ専用ツールがあり，それらの専用ツールのほうが，機能が豊富で運用がしやすいことが多く，情報システム管理ではバックアップ専用ツールを使うことが多い。バックアップ対象はシステムを構成しているファイルやデータのファイルであるが，実際にはそれらのファイルを記録しているサーバやストレージ機器のドライブである。バックアップは頻繁にとり，バックアップした内容は長期間保存することが理想であるが，バックアップには他のメディアである程度の容量を必要とするので現実的ではない。よって，バックアップした内容の保存期間を組織の規則などで定め，バックアップした情報の内容により保存期間を設定することが望ましい。

　バックアップをするには，基本的にはバックアップ対象のファイル群の総容量と同じ容量のバックアップ用の記憶媒体などが必要である。実際はファイルの圧縮などをしてバックアップを記録しておくことや，重複する部分をまとめて記録しておくことなどの工夫から，バックアップ対象のファイル群の総容量

より少ない容量でバックアップが可能なこともある。しかし，バックアップ用の記録メディアにもある程度の容量が必要である。以前はバックアップ専用の機器が必要であり，読み書きは遅いが大容量で比較的低コストであった，テープメディアにバックアップを保存することが多かった。現在では HDD の大容量・低価格化，クラウドシステムの普及などにより，バックアップもバックアップ対象と同じ種類の HDD や SSD，ストレージ機器に保存するか，クラウドシステムのストレージに保存することが多い。この場合は，比較的高速にバックアップが実施できることと，容量に対するコストが低いことやバックアップ専用の機器を追加する必要がないことなどの特徴がある。

8.1.2　バックアップの種類

バックアップのとり方には大きく四つの種類があり，それぞれバックアップの実施時期や対象の重要度，利用頻度，システム運用のコストなどから正しい種類のバックアップを実施すべきである（**表 8.1**）。

初期バックアップは，システム構築後またはシステム運用開始直前に実施す

表 8.1　バックアップの種類 [27]

種　類	内　容
初期バックアップ	・システムを構築後に実施するバックアップである。 ・対象システムの全ファイルをバックアップする。 ・システムをサービス提供前の状態に戻すことが可能になる。
フルバックアップ	・対象システムのすべてのファイルをバックアップする。 ・週／月に一度の割合で定期的に実施するのが一般的である。 ・フルバックアップデータが存在すると，一度の作業でシステム修復が可能である。
増分バックアップ	・前回のバックアップ後に更新または追加されたデータのみバックアップする。 ・フルバックアップに比べ，対象となるデータが少ないので，バックアップにかかる時間が少ない。
差分バックアップ	・フルバックまたは増分バックアップ後に更新されたデータをバックアップする。 ・差分バックアップのたびに，ある特定日より更新されたデータを毎回バックアップするため，増分バックアップよりも対象データが多く，バックアップに時間がかかる。

るバックアップである。対象システムのすべてのファイルをバックアップする。初期バックアップを実施しておくと，システムをサービス提供前の状態に戻すことが可能となる。つまり，初期バックアップではシステムをサービス提供前の状態に戻せるように適切な時期にすべてのファイルをバックアップしておく必要がある。

フルバックアップは，対象システムのすべてのファイルをバックすることである。週／月に一度の割合で定期的に実施するなど，フルバックアップには時間がかかるので，ある程度の期間ごとに実施することが多い。フルバックアップデータが存在すると，一度の作業でシステム修復が可能となる。

増分バックアップは，前回のバックアップ後に更新または追加されたデータのみバックアップ対象とする。フルバックアップに比べ，対象となるデータが少ないのでバックアップにかかる時間は少ない。定期的なフルバックアップの間に増分バックアップを頻繁に実施する運用が多い。

差分バックアップは，フルバックアップまたは増分バックアップ後に更新されたデータをバックアップする。差分バックアップのたびに，ある特定日より更新されたデータを毎回バックアップするため，増分バックアップよりも対象

（a）　増分バックアップ（前回の更新データとの差を更新）

（b）　差分バックアップ（前回のフルバックアップとの差を更新）

図 8.1　増分バックアップと差分バックアップ

データが多く，バックアップに時間がかかる。増分バックアップと同様にフル
バックアップに比べると，対象となるデータが少ないので，バックアップにか
かる時間は少ない。定期的なフルバックアップの間に差分バックアップを頻繁
に実施する運用が多い（**図 8.1**）。

8.1.3　増分バックアップと差分バックアップの違い

　増分バックアップ，差分バックアップともにある程度の期間ごとにフルバック
アップをとり，その間頻繁にバックアップを実施する場合に用いられる。例
えば，毎週日曜日にフルバックアップを実施し，月曜日から土曜日に毎日増分
バックアップまたは差分バックアップを実施する運用について考えてみる。

　増分バックアップは前回の更新データとの差をバックアップ対象としてバッ
クアップを実施する。月曜日は前日の日曜日のフルバックアップ後からの更新
データをバックアップ対象とする。火曜日は前日の月曜日の増分バックアップ
後からの更新データをバックアップ対象とする。その後土曜日まで，前日の増
分バックアップ後からの更新データをバックアップ対象として毎日バックアッ
プを実施する。差分バックアップは前回のフルバックアップとの差を更新対象
としてバックアップを実施する。月曜日は前日の日曜日のフルバックアップ後
からの更新データをバックアップ対象とする。火曜日は前回のフルバックアッ
プである日曜日のフルバックアップ後からの更新データをバックアップ対象と
する。その後土曜日まで，日曜日のフルバックアップ後からその曜日までの更
新データをバックアップ対象として毎日バックアップを実施する。この運用で
は，増分バックアップで毎日取得するバックアップ対象は前日との差である。

　差分バックアップは日曜日のフルバックアップを起点としており，日曜日か
らの更新データをバックアップ対象とするので，日曜日から前日までの更新
データがバックアップ対象となる。差分バックアップの場合は，起点とした日
のつぎの日は差分バックアップと同じバックアップ対象であるが，そのつぎの
日からは前日までの更新分を含むため，差分バックアップに比べると毎日の
バックアップ対象は増えることになる（**図 8.2**）。

（ａ）　増分バックアップ（前回の更新データとの差を更新）

（ｂ）　差分バックアップ（前回のフルバックアップとの差を更新）

図 8.2　増分バックアップと差分バックアップのリストア

　システムに障害が発生し，バックアップデータを用いてリカバリを実施する
場合について考えてみる。例えば，毎週日曜日にフルバックアップをとり，他
の曜日は毎日増分バックアップまたは差分バックアップを実施している運用
で，水曜日に障害が発生したとする。

　増分バックアップの場合には，障害発生時の前のフルバックアップ内容をリ
ストアし，フルバックアップから障害発生直前の差分バックアップ内容を順番
にリストアする必要がある。まず，障害発生直前の日曜日のフルバックアップ
の内容をリストアし，翌日の月曜日の増分バックアップ内容をリストアし，最
後に障害発生前日の火曜日の増分バックアップ内容をリストアすることにな
る。増分バックアップは，フルバックアップからの日数が経過するほどリスト
アする回数が増える。また，フルバックアップ後の増分バックアップに失敗し
た曜日があると，その曜日以降つぎのフルバックアップまでの期間は，バック
アップ内容が不完全な状態になってしまう。

　差分バックアップの場合には，障害発生時の前のフルバックアップ内容をリ
ストアし，障害発生直前の増分バックアップ内容をリストアする必要がある。
まず，障害発生直前の日曜日のフルバックアップの内容をリストアし，障害発

生前日の火曜日の差分バックアップ内容をリストアすることになる。差分バック
アップは，フルバックアップからの日数が経過しても，リストアする回数は1
回になる。また，フルバックアップ後の差分バックアップに失敗した曜日が
あっても，そのつぎの差分バックアップが実施されればバックアップ内容は完
全な状態になる。

　この運用の場合は，毎日のバックアップでは増分バックアップのほうが，
バックアップ対象が少なく必要な容量と実施時間が差分バックアップに比べる
と少ないことが期待できる。リカバリの際は，差分バックアップのほうがリス
トア回数は少なく済むことが期待できる。しかし実際はバックアップやリスト
ア／リカバリにはバックアップツールを用いることが多いので，増分バック
アップでも1回の指定で自動的にリストアできる場合もある。増分バックアッ
プでは，1回バックアップに失敗すると一部データが失われてしまう。どちら
のバックアップ方式を採用するかは，対象となる情報システムの更新データの
量やバックアップを保存する記憶媒体の容量，障害が発生する頻度などによっ
て検討すべきである。

8.1.4　スナップショット

　ある瞬間のディスクのイメージを保持する技術に「スナップショット」があ
る。データをすべて保存（コピー）せずに，スナップショット取得時からの変
更箇所を記録しておく。一般的にスナップショットは，スナップショット取得
媒体と同一媒体に記録するため，物理的な故障時にはデータ保全ができないこ
とがある。スナップショットはバックアップと併用し，バックアップより高い
頻度でスナップショットを取得する運用が多い。スナップショットは，ソフト
ウェアおよびハードウェアによって実装することができる。

　スナップショットは，ディスク上のデータを複数の領域に分けて管理をす
る。例えば，スナップショット対象のデータをデータ領域①から⑤までに分
け，スナップショットのデータ退避用にスナップショット領域①と②を用意
したとする。スナップショット取得時から，データ領域②の内容が変更され

た場合，変更前のデータ領域 ② の内容をスナップショット領域 ① に退避す
る。スナップショット復元時には，変更があったデータ領域 ② の代わりに退
避したスナップショット領域 ① の内容を参照する（**図 8.3**）。このように変更
があった領域の内容を退避しておき，復元時には退避した内容を参照すること
により，スナップショット取得時の状態を復元することができる。バックアッ
プはバックアップの取得にある程度の時間が必要なため，バックアップ中に
バックアップ対象内容が変更されることもあるが，スナップショットはスナッ
プショットを設定した瞬間の状態を復元することが可能である。

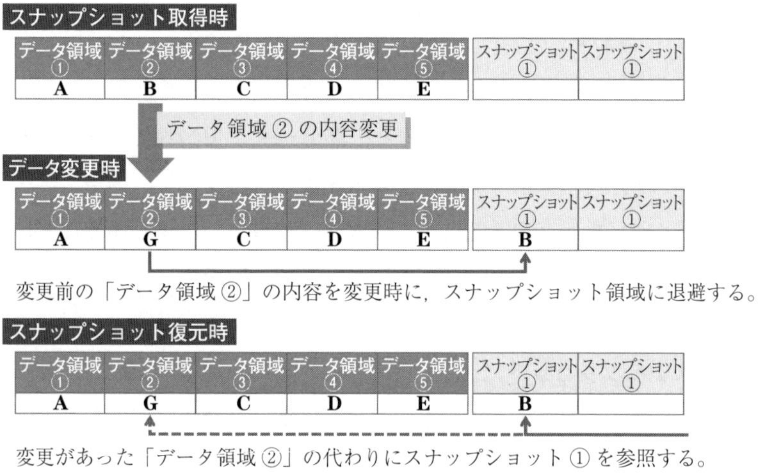

図 8.3　スナップショットの仕組み

8.1.5　バックアップのスケジュール

　情報システムの設計時に，差分バックアップを採用するか増分バックアップ
を採用するかの検討のほかに，バックアップのスケジュールの設定も検討する
必要がある。情報システムの規模などにもよるが，例えば週に 1 回フルバック
アップを実施し，毎日増分バックアップまたは差分バックアップを実施するな
どの，フルバックアップの間隔とその間のバックアップの間隔を設定する必要
がある。さらにバックアップ実施中は，ディスクアクセスが多く発生するの

で，なるべくバックアップ対象のシステムへの負荷やアクセス，利用者が少ない時間帯に実施することが望ましい（**図 8.4**）。一般的には，夜間や早朝に実施をすることが多い。また，バックアップ対象の内容が多いとバックアップに時間がかかり情報システムの運用に影響が出ることもある。バックアップの対象や頻度は，システム設計時だけでなく，実際にシステムを運用してからも状況を確認して変更を検討すべきである。

図 8.4　情報システムのバックアップのスケジュール例

8.1.6　バックアップとリストア／リカバリの注意点

　一般的にバックアップは OS 付属や別途用意したツールを用いて実施し，リストア／リカバリする場合もバックアップをしたツールを用いて実施することが多い。多くのバックアップツールでは，更新ログなどをもとに，アプリケーションやシステムごとに個別にバックアップ後の状態も考慮してリカバリすることができる。しかし，専用のバックアップツールを用いても，なぜかバックアップデータを読み出せない場合や，リストア／リカバリ後にシステムの動作に不具合が発生することがある。また，初期バックアップや日常のバックアップは実施していても，リストアやリカバリの作業は障害発生時まで実施しないことも多い。リストア／リカバリが必要なときは障害が発生したときが多く，日常行わない作業を緊張した中で実施して成功させなくてはいけない。よって，あらかじめバックアップ作業だけでなく，リストア／リカバリの試験を実施して作業内容を把握しておくことが重要である。システム導入時にも初期バックアップを実施したら，システムの本格運用前に初期バックアップやフルバックアップからのリストア／リカバリを実施しておくとよい。システムの運

用が始まるとシステム全体のリカバリを試すことが難しくなってしまう。

　通常バックアップはシステムを稼働しながら実施することができるが，リストアやリカバリはシステムのサービスを停止しないと実施できないことが多い。重要なサービスの停止が伴うリストアやリカバリでは，実施計画や利用者への事前の周知などが必要である。

　バックアップを実施した時刻から障害が発生した時刻までの更新内容はバックアップされていないので，リストアによってバックアップした時刻から障害が発生した時刻までの情報の更新内容が失われてしまう。場合によってはリストアを実施する前に，失われてしまう情報の退避やバックアップも実施する必要がある。例えばバックアップからリストアまでの間に送受信したメールの記録などは注意すべきである。

　また，電子メールは利用者がメールソフトでメールサーバにアクセスして取得後にサーバのメールを削除する設定にしている場合は，該当ファイルがバックアップした時刻に存在していないとバックアップデータには含まれていない。このような設定をしている利用者から，誤ってメールソフトでメールを削除したので，バックアップから復元してほしいと依頼があっても，バックアップデータにメールは残っていない場合が多い。夜間などの定時メールサーバのバックアップを実施しても，届いてすぐに削除したメールなどの情報は残らない。

　冗長構成で複数の機器を動作させている場合や，データベース，メール，ログの取得などのシステムは，一部のデータのみをバックアップ前の状態にリストアしても，システムの他の部分との状態の差が生じ，動作に不具合が発生することもある。システム設計時にこのような箇所を把握しておき，リストアを想定して不具合が発生しそうな箇所を把握しておくことが重要である。

　重要なデータを削除してしまったり上書きしてしまったりした状態で取得したバックアップデータをリストアしても，元のデータは戻らない。例えば，OSが起動しなくなったなどのシステムの不具合があるときのバックアップを実施するときは，障害が発生する前にバックアップしたバックアップデータに

新しく上書きなどをしないように残しておくことが重要である。論理障害が発生したときは，バックアップの実施は慎重に行うべきである。一般的にはバックアップは設定した時刻に自動的に実施されるので，論理障害が発生したときは，いつバックアップが実施されたかを把握して対応する必要がある。

　バックアップしたデータを残してつぎのバックアップを実施し，バックアップデータを複数世代分残しておくと，不具合発生に気づくのが遅れた場合でも不具合発生前の状態にリカバリできることがある。バックアップファイルのファイル名を変更したり，バックアップする媒体を入れ替えたりしてバックアップ世代を管理することができる。世代数を多く残すとバックアップメディアの領域がそれだけ必要となるので，システム設計時や実際のバックアップで必要な領域などを確認して，予算などから何世代残すか決める必要がある。保存する世代数が少なく，古いものから上書きするバックアップ設定の場合，全世代で問題が含まれた状態のバックアップデータしか残らないことがあるので注意が必要である。

8.1.7　バックアップに関係する事例

　2012年にあるレンタルサーバ企業で，サーバのメンテナンス時に誤ってサーバのファイルを消去してしまう事故が発生した。直接的な原因はメンテナンスを実施した際に実行したスクリプトのファイルの削除対象の記述の間違いといわれている。当然バックアップシステムも稼働しているので，バックアップデータからリストアすれば多くのファイルは戻せるはずであった。しかし，バックアップデータもバックアップ対象と同じシステム内に保存していたため，バックアップデータも一緒に削除されてしまっていたのである。その結果レンタルサーバを利用して提供していた顧客のサービスが停止し，情報も失われてしまった。メンテナンス時のスクリプトの記述ミスという人為的エラーが原因の一つではあるが，バックアップデータをバックアップ対象と同じシステムに保存していたバックアップシステムの設計の誤りも原因である。商品の案内としては，バックアップは別システムに保存しているというように，実際と

異なる宣伝をしていたともいわれている。

　人為的エラーの対策などとして，バックアップシステムを導入していたにもかかわらず設計か運用の不備によってその対策が無効になってしまった例である。バックアップシステムは通常は利用されず，起こるかわからない非常時になって役に立つシステムであるので，設計や運用がぞんざいになってしまいがちな部分である。

8.2　ストレージの保全技術

8.2.1　ストレージ

　長期間大容量のデータを保存できるところを「ストレージ（storage)」と呼ぶ。HDD などや SSD などがストレージであり，USB メモリなどもストレージである。パソコンやサーバ機器などでは，本体に内蔵されていたり，USB などで接続されたりしているストレージだけでなく，ネットワークなどで外部ストレージに接続して利用することもある。外部ストレージはストレージシステムとして，HDD や SSD を大量に接続したストレージ専用機器から構成されており，データ保全や高速化，大容量化の機能をもつ。クラウド基盤などの大規模な情報システムでは，ストレージシステムでファイルを集中して管理し，複数のサーバ機器で共有している。ストレージシステムでは，RAID（8.3 節参照）やスワップディスクなどのファイル保全技術や，さまざまな高速化技術が実装されている。

　また，クラウドシステムを用いてストレージをサービスとしてネットワーク経由で提供する「オンラインストレージ」のサービスも普及しており，ストレージ機器を導入しなくてもネットワークに接続できれば複数端末や異なる場所からも同じファイルにアクセスできる。

8.2.2　DAS

　DAS（Direct Attached Storage）とは，サーバ機器などに直結しているスト

レージである。サーバ機器の本体内に HDD や SSD が内蔵されているか，外付けで設置されている。パソコンや単体で設置されているサーバなどで用いられる構成である。

8.2.3　NAS

NAS（Network Attached Storage）とは，Ethernet などでパソコンやサーバ機器と接続するストレージである。大学の研究室や小規模なオフィスなどで多く用いられているストレージである。HDD などのディスクドライブ単体で構成されるものから複数台のディスクドライブで RAID 構成をとるようなものがある。

ディスクドライブ単体で構成される NAS は，LAN 内でファイルを共有する場合などに用いられるが，NAS のディスクドライブに不具合が発生すると，ファイルが失われる場合もある。複数台のディスクドライブから構成される NAS では，LAN 内でのネットワーク経由によるファイル共有機能だけでなく，RAID などによりファイルの保全を実装できるものが多い。

NAS は多くのメーカーからさまざまな機種が販売されており，Linux などの OS で CIFS（Common Internet File System）や NFS（Network File System）などでファイル共有機能を提供し，Web UI の管理画面から機器の設定などができるようになっている。NAS で RAID 構成を設定する場合には，接続する機器の種類や台数，保存するファイルの重要度や容量などを把握したうえで十分検討してから決定する必要がある。利用環境や NAS の初期設定時に決めた構成から使用途中で構成変更をするには，NAS を初期化しないとできないことが多く，一度 NAS に記録されているファイルをすべて他のストレージに退避させる必要がある。

RAID でファイルの保全機能を実装するには，物理的なディスクドライブの容量の合計より小さい容量のファイルしか保存できない。そのため，限られたディスクドライブしか実装できない NAS では，RAID の種類やホットスペアの有無などをよく考えて設定することが重要である。NAS は同じシステムを数

年使うことが多いので，NAS の導入時に必要なファイル保存容量よりかなり余裕をもたせたファイル容量を運用できるようにしておかないと，NAS に保存できるファイル容量が不足することが多い。

8.2.4　SAN

SAN（Storage Area Network）は，大学の基幹情報システムなど比較的大規模な情報システムで用いられるストレージシステムである。ストレージ専用の高速ネットワークを LAN などの接続とは別に構築し，サーバ機器などとストレージシステムを接続する。ストレージ専用のネットワークは，SCSI（Small Computer System Interface）や Fiber Channel などのストレージ専用のネットワーク技術を用いて接続される。Ethernet の大容量化高速化により，ストレージシステムは Ethernet で接続されているが, iSCSI（SCSI over IP）や FCoE（Fiber Channel over Ethernet）など Ethernet 上で SCSI や Fiber Channel を用いることも多い。

SAN で用いられるようなストレージシステムでは，各社独自のファイル保全や高速化技術が実装されていることも多い。記録されているファイルのアクセス頻度により，アクセスが頻繁にある「オンライン」，アクセスが稀にしかない「オフライン」，オンラインとオフラインの中間の「ニアライン」などに分け，オンラインは高速な SSD で構成し，ニアラインは大容量の HDD で構成するなど，複数の種類のディスクドライブで構成されているものもある。

8.3　RAID

RAID（Redundant Array of Independent Disks）は，複数台の物理ディスクドライブを 1 台の論理ディスクドライブとして利用する技術である。ディスクドライブを RAID 構成にすることにより，冗長構成による耐障害性の向上や入出力の高速化，または両方の機能を実装することができる。これらの機能を実現するために，用いたディスクドライブの容量の合計より，実際に利用できる

論理ディスクドライブとしての容量は少なくなる。ソフトウェアまたはハードウェアで RAID を実装することができ，DAS で用いたり NAS や SAN 用のストレージ専用機器で一般的に RAID が用いられたりしている。当初は Redundant Array of Inexpensive Disks の略語であり費用をかけなくても実現できるという意味合いであったが，現在では大規模で高価なストレージシステムなどでも用いられるディスクドライブの保全，高速化技術の基本となっている。複数のディスクドライブの接続方法や機能の違いにより複数の種類がある。おもな RAID 構成の種類について解説を行う（**図 8.5**）。

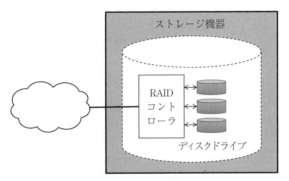

図 8.5 RAID の概要

8.3.1 RAID0

ストライピング（striping）とも呼ばれ，入出力性能の向上を目的として複数のディスクドライブにデータを分割して書き込みを行う（**図 8.6**）。

複数のディスクドライブに同時に読み書きすることにより，高速化を図るこ

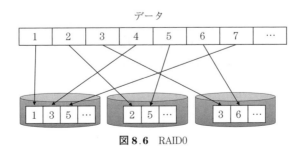

図 8.6 RAID0

とができる。データ保全の信頼性は向上せず，1台でもディスクドライブに不具合が発生すると読み書きができなくなる。データの保全機能はないので，ファイルのバックアップを取得して利用するか，他のRAIDの種類を用いることが多い。

8.3.2 RAID1

ミラーリング（mirroring）とも呼ばれ，同じデータを2台のディスクに同時に書き込み，データ保全の信頼性を高める。2台のディスクに同じデータが保存されるため，どちらかのディスクドライブに不具合が発生してもデータが残る仕組みである（**図 8.7**）。入出力性能は向上しない。比較的低コストにデータ保全機能を実装できるため多く用いられるが，実運用の前に，実際にディスクに不具合が発生した場合の復旧作業などをあらかじめ実施しておき，手順を把握して慣れておくことが重要である。不具合が発生したときは非常事態であるので，日頃慣れていない作業や，ましてや初めて実施する作業を順調に実施することは難しい。RAIDやバックアップについては導入や実装した時点で安心してしまうが，不具合対応や復旧作業を日頃から実施して慣れておき非常時や緊急時にも順調に実施できるようにしておかないと，いざというときに役に立たないことがある。これらのシステムの担当要員の交代時なども，忘れずに引き継いでおくことも重要である。

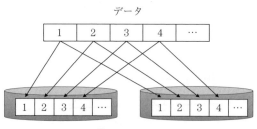

図 8.7 RAID1

8.3.3　RAID0+1 と RAID1+0

RAID0 の高速性と RAID1 のデータ保全性を同時に実現するために，二つの RAID を同時に実施することが可能である。この場合には組合せ方で RAID0+1 と RAID1+0 の 2 種類の構成が可能である。結論を先に述べると，RAID1+0 を採用すべきである。RAID を構成するディスクドライブに不具合が発生したときの状況から，これらの構成について考察する。

RAID0 のストライピングのディスクドライブのグループを二つ使い，RAID1 のミラーリングを構成する方法を RAID0+1 と呼ぶ（**図 8.8**）。RAID0 は，構成しているディスクドライブが 1 台でも不具合を起こすと，RAID 構成全体が利用できなくなる。RAID0+1 の構成でどれか 1 台のディスクドライブに不具合が発生すると，そのディスクドライブが含まれている RAID0 のグループは使用できなくなる（**図 8.9**）。この場合，RAID1 を構成していたもう一方のグルー

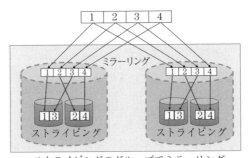

図 **8**.8　RAID0+1

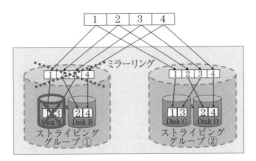

図 **8**.9　RAID0+1 で構成ディスクの 1 台が故障

プのみで運用継続は可能であるが，このグループのどちらかのディスクドライブのうち1台に不具合が発生した時点で，RAID0+1構成全体が使用できなくなる（**図 8.10**）。

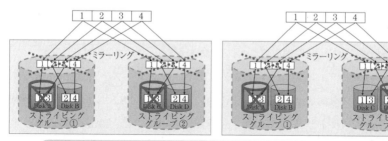

図 8.10　RAID0+1で構成ディスクの2台が故障

RAID1のミラーリングのディスクドライブのグループを二つ使い，RAID0のストライピングを構成する方法をRAID1+0（RAID10）と呼ぶ（**図 8.11**）。RAID1は，構成しているディスクドライブが1台不具合を起こしても，もう1台のディスクドライブにデータは保存されている（**図 8.12**）。不具合が起きたディスクドライブと同じグループのディスクドライブにさらに不具合が発生すると，RAID1+0全体でデータが失われてしまうが，ストライピングを構成しているもう一方のグループのディスクドライブであれば，もう一方のグループのどちらのディスクドライブが1台故障しても全体でデータは失われない（**図 8.13**）。

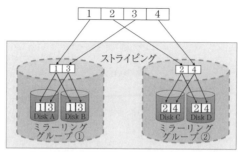

ミラーリングのグループをストライピング

図 8.11　RAID1+0

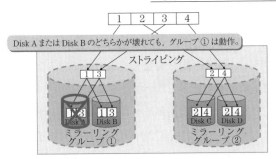

図 8.12　RAID1+0 で構成ディスクの 1 台が故障

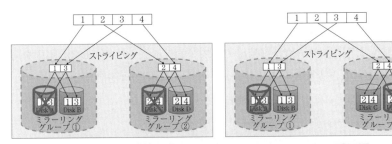

Disk A または Disk B のどちらかが壊れても，グループ ① は動作。
さらに，グループ ② のどちらか壊れても動作。

図 8.13　RAID1+0 で構成ディスクの 2 台が故障

　このように，RAID0+1 では，ディスクドライブ 1 台に不具合が発生したと
きに，もう一方のグループのどちらのディスクドライブに不具合が発生しても
RAID 全体が使えなくなってしまうが，RAID1+0 ではもう一方のグループのど
ちらのディスクドライブに不具合が発生しても RAID 全体は使用可能である。
RAID0+1 も RAID1+0 もどちらもディスクドライブの使用数による容量は変わ
らない。よって，RAID1 と RAID0 を組み合わせ，ストライピングによる高速
化とミラーリングによるデータ保全機能を実装するには，RAID1+0 を採用す
べきである。

　実際には，RAID を構成しているディスクドライブ 1 台に不具合が発生した
時点でデータ保全や復旧作業に取り掛かることになるが，その作業中に他の
ディスクドライブにも不具合が発生することがよくある。このような場合も想
定して RAID 構成は慎重に選択すべきである。

8.3.4 RAID4

RAID4 はストライピングによる高速化と，エラー訂正符号（パリティ：parity）によるデータ保全機能を実装した RAID である（**図 8.14**）。データ更新時にエラー訂正符号を更新することで，データ記録用のディスクドライブに不具合が発生しても，エラー訂正符号からデータを復元することができる。エラー訂正符号は，エラー訂正符号記録用のディスクドライブにまとめて書き込むため，エラー訂正符号記録用のディスクドライブへのアクセスが集中してしまう。そのため，エラー訂正符号記録がボトルネックになってしまい，動作が遅くなってしまう。また，アクセスが集中するディスクは不具合が発生しやすくなってしまう。エラー訂正符号用ディスクドライブへのアクセスの集中を解消した RAID5 などが実用化されたため，現在では RAID4 を使用するメリットはなく，ストレージシステムでは使われなくなっている。

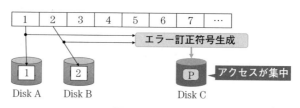

図 8.14 RAID4

8.3.5 RAID5

RAID5 はデータだけでなくエラー訂正符号も複数のディスクドライブに分散して記録する RAID である。エラー訂正符号を複数のディスクドライブに分散記録することにより，アクセスの集中を回避している。RAID4 と同様にデータ記録時にエラー訂正符号生成と書き込み処理が発生するが，高速化とデータ保全機能を備えており広く普及した RAID 方式である（**図 8.15**）。ディスクドライブ 1 台に不具合が発生しても，他のディスクドライブに記録されたエラー訂正符号からデータ復元が可能であるが，2 台以上のディスクドライブに同時に不具合が発生すると，データ復元ができなくなる。

RAID5 は RAID6 の対応機器が普及するまでは，多くの NAS などで採用され

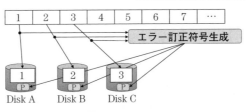

図 8.15 RAID5

ていた方式である。NAS などの製品では同じ型番の複数のディスクドライブ
で構成されるため，ディスクドライブの製造時期も同じであることが多い。ま
た，RAID5 はエラー訂正符号を複数ディスクドライブに分散記録するため，
構成するディスクドライブの使用頻度も同じようになることが多い。そのため
1 台のディスクドライブが故障すると，続けて他のディスクドライブも故障す
ることが想定される。RAID5 の場合は 2 台以上のディスクドライブに不具合
があるとデータの復元ができなくなるため，データ保全を目的として RAID 構
成にしていても，不具合発生と同時に複数のディスクドライブで不具合が発生
していたり，データ復元作業中に残ったディスクドライブで不具合が発生した
りするとデータを失うことになるので注意が必要である。

8.3.6　RAID6

RAID6 は RAID5 のデータおよびエラー訂正符号の複数ディスクドライブへ
の分散記録に加え，複数のエラー訂正符号を用いる RAID 方式である（**図
8.16**）。4 台以上のディスクドライブが必要で RAID5 より実際に記録できる容

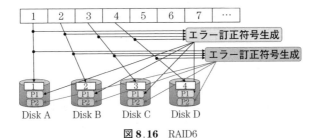

図 8.16 RAID6

量は少なくなってしまうが，2台のディスクドライブに同時に不具合が発生しても，データ復旧が可能である。容量効率だけでなく書き込み性能もRAID5に劣るが，データ保全機能を目的としてRAIDを導入する場合にはRAID6を選択することがよいと思われる。小規模ネットワーク向けのNAS製品でもなるべくRAID6を選択することをお勧めする。

8.3.7 RAID システムの障害と選択

RAIDシステムではHDDを用いて構成する場合が多いが，HDDは不具合が発生することが多く不具合発生を前提として運用すべき機器である。RAIDでは複数のHDDを用いるが，ストレージ機器の導入時には同じ時期に生産された同じ型番のHDDが実装されていることが多い。そのため，RAIDシステムを運用していると短い期間内に2台以上のHDDで不具合が発生することが考えられる。また，RAIDシステムで不具合が発生したときにはデータの復旧作業が必要なことがあるが，復旧作業中は通常よりHDDへのアクセスが多くなり，それが原因でさらにHDDの不具合を誘発してしまうこともある。復旧作業中にHDDの不具合が続発することも考えられる。そのため，RAIDを構成しているストレージを導入してもデータのバックアップシステムも同時に運用しておくべきである。バックアップを同じRAIDシステム内に保存しておくと，RAIDシステムに不具合が発生したときにバックアップも一緒にアクセス不能になってしまうため，物理的に別のシステムにバックアップを取得すべきである。

ストレージシステムではRAID以外にも高信頼化技術を実装していることがある。小規模なNASシステムなどでも，「ホットスワップ」と呼ばれるHDDに不具合が発生したときに自動的に予備のHDDと切り替わる仕組みがある。RAID構成にホットスワップを組み合わせて運用することも可能なので，RAIDの構成だけでなくホットスワップによるデータ保全も含めて構成を考えることができる。また，ストレージメーカー独自の高信頼化技術を実装している製品もあり，導入時にどのようなデータ保全技術が運用できるか十分確認してシス

テム設計を行う必要がある。

　情報システムのストレージ容量は導入時に余裕をもって設計していても，運用を続けるうちに容量が不足してしまうことが多くある。RAID の構成やディスクドライブの容量，台数，RAID 構成時の容量など，コストが許される範囲で十分なストレージ容量とデータ保全性を考慮した設計が重要である。

8.4　特　権　分　離

　システムにおいて特権や権限を分割して複数のユーザーやプロセスに与え，一つのユーザーやプロセスが大きな特権，権限をもたないようにすることを特権分離（privilege separated），権限分離という。特権や権限を分離すると，あるユーザーやプロセスが乗っ取られたり不具合が発生したりしても，他のユーザーやプロセスなどへの影響を少なくすることができる。

　UNIX や Linux の root や，Windows の administrator などのスーパーユーザーや管理者のアカウントを乗っ取られた場合には，そのシステム全体を乗っ取られてしまう（**図8.17**）。そこでスーパーユーザーの特権を細分化し，複数のユーザーに細分化した特権をそれぞれ必要最小限付与するようにする。このように

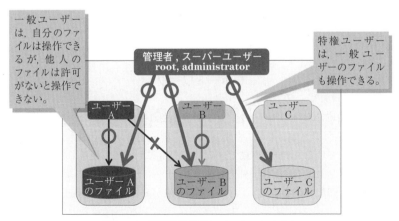

図8.17　特権分離がされていないシステム

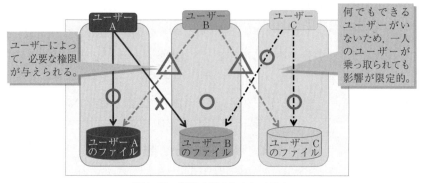

図 8.18　特権分離をしたシステム

すると単独のアカウントの乗っ取りだけではシステム全体を乗っ取られないように することができる（**図 8.18**）。

　SE Linux や Trusted OS で実現することができ，OS インストール時に特権分離機能の有効／無効を選択できる OS もある。特権分離の機能を有効にするとシステム構築時の作業で複数のユーザーの切り替えなどが必要となることや，特権分離をしていない環境に比べ作業が複雑になり手順が増えてしまうことが多い。また，構築時だけでなく運用時にもそれぞれのユーザーがもつ特権を把握し，手順を細かく設計しておかないと，作業が煩雑になってしまう。そのため，実際のシステム構築では特権分離機能を有効にすることが忌避されることもある。セキュリティ性の向上のために不便さが伴ってしまう典型的な場面である。

レポートワーク

【1】　各自の環境において，バックアップが実施されている情報システムについて挙げよ。

【2】　市販されている RAID を構成できる NAS 製品について，使用できる RAID の種類とディスクドライブ数，価格を調べよ。

【3】　各自が使用している OS について，特権分離が実装できるか確認せよ。

9

情 報 漏 洩

9.1 情報漏洩とは

　情報漏洩とは，機密情報が第三者に知られてしまうことや，機密情報が自己の管理の届かない状態になってしまうことである。機密情報は企業や学校などの組織の情報，また個人情報などで第三者に知られてはいけない情報である。漏洩した媒体はコンピュータのファイルや記録メディアなどが思い浮かぶが，機密情報が記載してある紙や映像や音声なども漏洩媒体となる。機密情報が記載された紙などは，廃棄する際にシュレッダーで細分化するだけではなく，溶解したりするなど完全に記載された内容を読み取ることができないようにして廃棄する必要がある。

　ゴミ箱に捨てたゴミには意外と多くの情報が含まれており，廃棄されたゴミからも情報漏洩が発生することもあるので注意が必要である。また，記録メディアは小型化しており紛失や盗難に気づきにくくなっており，さらに大容量化も進んでいるので大量の情報が漏洩してしまう。コンピュータを廃棄するときにも内蔵されている HDD や SSD などは，廃棄前に特別な処理をして記録されていた情報を消去し，さらに取り外して物理的に破壊するなどの処置が必要である。

　東京商工リサーチによると，情報漏洩・紛失の原因で最も多いものは「ウイルス感染・不正アクセス」である [28]。つぎに「誤表示・誤送信」，「紛失・誤廃棄」と続く。現在のコンピュータウイルスなどのマルウェアは，情報漏洩や

不正アクセスなどを狙って作られたものが多く，感染すると気づかないうちに情報漏洩が発生していることもある。誤表示・誤発信，紛失・誤廃棄はともに「人為的エラー」であり，うっかりミスや間違いによる情報漏洩も多く発生している。

　情報漏洩の傾向としては，以前は P2P に関連した愉快犯や憂さ晴らしによる原因が多かったときもあるが，うっかりミスや過失，ずさんな運用などの人が原因となっている情報漏洩も依然として多く発生している。何より，大規模化，国際化が進み 1 回の情報漏洩で大量の情報が漏洩したり，複数の国で同じ原因による情報漏洩が発生したりすることもある。金銭や思想，国家間の対立などによる組織的な攻撃による情報漏洩も増えている（**図 9.1**）。国家レベルの組織に一個人や一企業や学校が狙われたら防ぐことは非常に難しいといえる。

図 9.1　情報漏洩の傾向

9.2　情報漏洩に関する攻撃と対策

9.2.1　盗　聴・盗　撮
　コンピュータや情報システムに関係する情報漏洩だけでなく，古くから行われている手法による情報漏洩にも気をつける必要がある。盗聴や盗撮も情報漏洩につながる攻撃手法の一つである。
　例としては

・銀行などの ATM に小型のカメラを設置し，手元の操作などを撮影して暗証番号などを不正に取得し，偽造カードで現金を引き出す

・コンセントや電卓，ボールペンなどの形をした盗聴器で，音声を録音したり無線で送信したりする

・電話回線に盗聴器を仕掛け，電話の内容を盗聴する

などがある。

　ATM 本体と同じ材質，同じ色のカバーをつけたカメラを暗証番号などの入力機器が映るように取り付け暗証番号の入力操作を撮影する事件も発生しており，よほど注意していないと気づけないと思われる事例もある。アパートなどに引っ越した際に，最初から付いていたコンセントタップは，盗聴器の可能性もあるので注意が必要である。コンセントタップ型の盗聴器は，コンセントから電源が供給されるため長時間稼働し電波で音声を送信する。コンセントタップとしても使えるため，盗聴に気づきにくく長時間盗聴が続くことも考えられる。電波で音声を送信する盗聴器は，よく使われる無線周波数が複数あり，それらの周波数帯を検知する盗聴器検出器もある。

9.2.2　ネットワークの盗聴

　コンピュータネットワークの盗聴は，通信パケットを傍受して通信内容を盗む。しかし，Ethernet などのコンピュータネットワークで，通信パケットを傍受することはネットワーク管理や運用でも必要な技術である。Packet Capture や Protocol Analyzer といったパケットを傍受するソフトウェアや機器はネットワーク管理製品として販売されており，フリーソフトやオープンソースとして配布されているものもある。これらはツールの使い方により，不正な盗聴を行うことも可能である。

　無線 LAN は電波を使用しているため，通信の電波を傍受し通信内容を盗む盗聴も可能である。無線 LAN では盗聴などの対策として，一般的に認証と暗号化を実施して通信をしているが，暗号化方式によってはすでに容易に解読が可能なものもある。無線 LAN を設置し，利用する際には盗聴の可能性を考慮

すべきである。しかし，インターネットなどのネットワーク通信では，盗聴されても気づくことが難しい。そこで，盗聴されてもすぐには通信内容がわからないようにする暗号化が基本的な対策となる。WWW であれば TLS による暗号化や，無線 LAN では解読されにくいなるべく新しい暗号方式の利用などが対策として有効である。

9.2.3　パスワードクラック

パスワードを解析し，探り当てることをパスワードクラックという。短い文字数のパスワードや，安易に覚えやすいパスワードを設定してしまうと解析されやすい（**表 9.1**）。

表 9.1　パスワードクラック手法

手　法	内　容
オンライン攻撃	稼働しているサーバに，パスワードを送信して認証が許可されるか調べる。
オフライン攻撃	パスワードが記録されていたり，パスワードが設定されているファイルを入手し，解読する。
ブルートフォースアタック	総当たりで文字列の組合せを試す。
辞書攻撃	パスワードに多く使用されていると思われる単語を辞書に登録しておき，ブルートフォースアタックより効率的にパスワードを試す。
ハッシュ値パスワード攻撃	直接パスワードの文字列を調べずに，パスワードから生成されたハッシュ値が同一になる文字列を調べる。
パスワードスプレー攻撃	同じパスワードを複数の ID で試す。パスワードの入力を一定回数間違えると，アカウントがロックされる機能を回避できる。
パスワードリスト攻撃	ID とパスワードの組を，他のサービスで試す。異なるサービスで，同じ ID，パスワードを使い回しをしている場合に有効。

「ブルートフォースアタック（brute force attack）」は，繰り返しいろいろなパスワードを入力し，しらみつぶしに調べるパスワードクラックの手口である。原理的にすべての組合せ，文字数の文字列を入力すればいつかはパスワー

ドの文字列にたどり着く。しかしブルートフォースアタックは効率が悪いの
で，パスワードに設定されていそうな単語などを組み合わせて優先的に試行す
る「辞書攻撃（dictionary attack）」という手口もある。ユーザーの名前や生年
月日，辞書や辞典などに掲載されている単語などパスワードによく用いられて
いる単語を集めたパスワード候補集（辞書）を用い，そこに掲載されている単
語からパスワードクラックを行う。ブルートフォースアタックに比べて非常に
効率がよい。

　Nord Pass が発表している「Top200 most common passwords」[29] で上位のパ
スワードは毎回同じような単語であり，ランキングに掲載されているパスワー
ドを見ても同じ単語が何度も登場している。世の中のある程度の割合の人は，
推測されやすい（パスワード候補集，辞書に掲載されている）パスワードを設
定しているのである。辞書攻撃で利用するパスワード候補集，辞書のファイル
は，ネットを検索すると複数見つけることができ，簡単に入手することができ
る。脆弱性診断やパスワード復旧用として，パスワードクラックをするツール
があり，それらで用いるために公開しているところもある。

　すでに漏洩している ID とパスワードの組を使い，他のサービスで ID とパス
ワードを試行する攻撃を「パスワードリスト攻撃」という。現在では非常に多
くの情報漏洩が発生しており，すでに多くの ID とパスワードの組が漏洩して
しまっている。また，同じパスワードを複数のサービスで利用しているユー
ザーも一定数存在する。漏洩した情報を用いて他のサービスで ID とパスワー
ドを試行し，同じパスワードを設定している場合は認証を突破できてしまう。

　パスワードリスト攻撃を受けたシステムからすると，そのシステムからのパ
スワードの漏洩や認証システムの脆弱性や不備などがなくてもパスワードク
ラックが成功してしまうので，システムとしての対策が難しい。ユーザーがパ
スワードの使い回しをしていることが原因であるので，対策はユーザー任せと
なることが多く攻撃者にとっては有効な攻撃手法となっている。

　ブルートフォースアタックや辞書攻撃では，同じ ID で複数のパスワードの
入力を試す攻撃手法のため，連続してパスワードを間違えたときの制限などの

対策は一般的となっており多くのシステムで実装されている。そこで，同じパスワードで複数のIDを試すことにより，この対策を回避する攻撃手法を「パスワードスプレー攻撃」と呼ぶ。入力するパスワードを固定しIDを変化させるため，認証の失敗は連続するがシステムからすると複数のユーザーが認証に失敗していることが連続して発生していることになる。ユーザー数が多いシステムでは，複数ユーザーの認証の失敗に対して制限をすることは難しく対策も難しい攻撃手法である。

9.2.4 パスワードクラック対策

パスワードクラックへの対策の原則は「パスワードの設定時に推測されやすいパスワードは設定しない」である。具体的には，パスワードの文字数を増やし探索数を増やすことや，ユーザー名と同じや英単語そのものなどをパスワードとして用いないことでブルートフォースアタックや辞書攻撃などの成功確率を減らす。

また，パスワードの入力回数に制限を設け，一定回数パスワードを間違えるとアカウントをロックするか，ある程度の時間が経過しないとつぎのパスワード入力ができないようにし，攻撃者のパスワード試行の効率を悪くするなどの対策もある。どちらの対策も，認証システムの機能として実装できるものが多い。パスワード設定時に，一定文字数以下のパスワードや，ユーザー名と同じパスワード，複数の文字種（アルファベットの大文字・小文字，数字，記号）を用いていないパスワードを設定できないようにできる。パスワードリスト攻撃に対しては，ユーザーが複数のサービスで同じパスワードを使わないようにする必要があり，ユーザー一人ひとりが正しい知識をもち，対策を実践することも重要である。

セキュリティ対策を進めると，ユーザーなどの利便性が低下したり手順が増えたりすることが多い。そのため，ユーザーにとっては，余計な手間が増えたり面倒なことを強要されたりしていると感じ，実施してもらえないことが多い。そのような場合は，規則やルールを作りユーザーに実施してもらうか，機

能としてシステムに実装してユーザーに実施してもらうなどの方法がある。

　情報セキュリティに対しては，規則を作ってもそれを破ったときの罰則まで規定するほど厳しくすることは難しいことが多い。そのセキュリティ対策をしなかったことによる被害の大きさなどのリスクとの兼ね合いによって，機能として実装して仕組みとしてユーザーが実施せざるをえないようにすることも必要な場合がある。またこれらのことはユーザーだけでなく，情報システムの管理者にも当てはまることであり，自分が設計するシステムで手順が増えたりすることを避ける管理者もいるかもしれない。そのためには，組織として管理者の上長などが正しい知識と技術をもって対応できないといけない。

9.2.5　記録媒体の廃棄

　現在の記録媒体は小型化，大容量化が進み，USB メモリや SD カードなど小さい記録媒体にも数十 GB の情報を記録することができる。そのため，記録媒体が壊れたりしたときの廃棄にも十分に気をつける必要がある。廃棄されたHDD や SSD，DVD-ROM や Blu-ray Disc などの光学記録媒体，USB メモリ，SD カードなどから記録されていた機密情報が漏洩することもある。

　また，廃棄された紙に記載されていた機密情報が漏洩することもある。これらの記録媒体を廃棄するときは，書き込まれた情報を消去してから廃棄するか，情報を読み出せない状態にしてから廃棄する，といった処置をすることが重要である。サーバ機器やデスクトップパソコンなどを廃棄するときには，内蔵されていた HDD や SSD などの記録メディアについては一緒に廃棄せず，取り外してこれらの処置を忘れないようにする。ノートパソコンやタブレット端末，スマートフォンなどは，記憶媒体を取り外せないものもあるので，十分な初期化などをしてから廃棄する。

　また，不安な場合には，廃棄せずに厳重に保管するということを検討してもよい。USB などが壊れたからといって安易に捨てたり，古いパソコンや記憶媒体を安易に他人に譲ったり，中古品としてそのまま引き取ってもらうことはやめるべきである。

　紙類の場合は，シュレッダーにかけただけでは時間をかければ情報を復元できるため，シュレッダーにかけた後に特殊な溶液で溶解するか，専用業者に廃棄を依頼する。CD（compact disc），DVD（digital versatile disc），Blu-Ray Disc などの光学記録媒体は，専用シュレッダーで読み取り面と記録面の両面の表面に傷をつけ，ディスクを切断して読み取れないようにする。

　HDD や SSD，USB メモリや SD カードなどの記憶媒体は，廃棄前に無意味な情報を記録領域全体に複数回上書きした後，物理的に破壊して廃棄する。これらの記憶媒体では OS 上でファイルを削除し，フォーマットをしても記録されている情報は残っており，区分けされた領域の管理部分にその領域は書き込みをしてもよいという情報を書き込むだけの場合もある。専用のアプリケーションを使えば，削除したファイルやフォーマットしたドライブからファイルや情報を復元できることもあるので注意が必要である。0 や 1，乱数といった無意味な情報で記録領域を上書きするアプリケーションやツールがあるので，それらを利用して廃棄する記憶媒体にアクセスできる状態のうちに情報の上書きをしておく必要がある。

　パソコンやサーバ機器の場合は外付けだけでなく，内蔵されている HDD や SSD も忘れずに廃棄処理をする。HDD の場合は磁気によって HDD 内部のプラッターと呼ばれる円盤に情報を記録している。SSD は内蔵の IC チップに情報を記録している。これらを破壊するように，ドリルなどで穴を複数箇所開けると，ある程度安心して廃棄することができる。特殊な機器を使うとプラッターから直接情報を読み取ることもできる場合がある。このようなことをするにはかなりコストが掛かるので，大きな組織が多くのコストを払ってでも情報を入手したい場合でないと実施しないと思われる。

　ある程度大規模な情報システムやストレージ機器の廃棄時には，数十台から数百台，あるいはそれ以上の HDD や SSD を廃棄しなければならないことになる。一般的にはある程度の規模の情報システムは，リースやレンタルで運用することが多く HDD や SSD も含めて返却しなければならない。HDD や SSD を物理的に破壊したり，取り外したりできない場合もある。また，大量の HDD

や SSD を廃棄処理するには，ある程度の知識と技術，工具や専用ソフトが必要となり，時間や作業工数も多くかかってしまう。そこで，HDD などの廃棄専用業者に廃棄を依頼し，廃棄証明書やデータ消去証明書を発行してもらうことができる。実際には本当に情報消去や破壊をしているかわからないことと，実際に廃棄業者からの情報漏洩も発生しているので，これらの業者に廃棄依頼をする前に，各自の組織内で機密情報が記録されているドライブについては，情報の消去作業をしておくとよい。

9.2.6　パスワードロック

　パソコンなどで作業をしている途中に休憩などで席を離れることがあるが，席を離れているときにパソコンが使用できる状態であると誰かがそのパソコンを操作してしまうかもしれない。その結果，情報漏洩につながることも考えられる。そこで，短時間でもパソコンを起動したままその場を離れる場合には，パスワードロック機能を使用するとよい。スクリーンセーバーと連動したりパスワードロック画面を表示させたりして作業途中の画面を隠し，作業に復帰するにはパスワードの入力などの実施を必要にしておく。パソコンなどでも作業途中であればメールやアプリケーション，OS 自体も認証をしているので，それらを他人がユーザーを偽ってなりすまして利用することを防ぐことが必要である。

　また，パソコンなどの BIOS の機能でパスワードを設定し，パソコンの不正起動を防止する機能もある。OS が起動する前の段階でパスワード認証を実装することができる。さらに HDD にパスワードを設定し，起動時にパスワード認証を実装することや，HDD が勝手に交換された場合に利用できないようにすることができる。HDD にパスワードをかけると，その HDD を外して他のコンピュータに接続しても使用できないようにすることもできる。これらの設定をすると，コンピュータを起動するたびにパスワードを入力する必要があり，パスワードを失念してしまった場合には，コンピュータや HDD が利用できなくなるので注意が必要である。

9.2.7　耐タンパ性

ソフトウェアやハードウェアの，物理的・論理的な内部の情報の読み取られにくさのことを耐タンパ性（tamper resistance），あるいは耐タンパ機能という。記録されている情報の改竄されにくさともいえる。耐タンパ性の機能として，不正アクセスに対して証拠や侵入の痕跡を残す「不正顕示機能」，不正アクセスからデータを防御する「不正防護機能」，不正アクセスに対して，データを消去する対抗動作である「不正対抗機能」がある。

　プログラムを暗号化し実行時に復号する機能や，プログラムを難読化して解読しにくくしたり，パッケージに封印して無理やり開けると内部が壊れるようにしたりして実装する。

9.3　情報漏洩の事例

9.3.1　記録媒体からの漏洩の例

　2019年に，首都圏の県庁の情報システムで使用していたハードディスクが，データ記録されたままネットオークションに出品されていたことが明らかになった。当該県庁の情報システムは，大手リース企業からのリース品であった。ある程度の規模の情報システムはリースやレンタルで調達することが多く，これは一般的な事例である。

　情報システムは一般的には5年から10年以内にシステム更新を行い，新しいシステムに移行する。ハードウェアの保証期間や耐用年数，ソフトウェアのライセンス期間やバージョンアップ，新技術への対応などから定期的にシステム更新を実施する必要がある。当該県庁の情報システムも更新のため，旧システムの機器はリース会社である大手リース企業が引き取り，HDDについてはHDDドライブの廃棄処理を実施している企業廃棄を依頼した。廃棄処理企業の社員が社内からこのハードディスクを盗み，ネットオークションで販売して不正に収入を得ていたのである。オークションで落札した人が，HDDにデータが残っていることに気づき，事件が発覚した。

　廃棄処理企業の社内でも社員が当該 HDD を盗難しているので，廃棄処理企業が記録データの消去，上書きなどの処理をする前に盗難されたかもしれないが，県庁でシステム利用を終了してからオークションで落札されるまで，当該 HDD の記録データの消去，上書きなどの処理がされていなかったことになる。県庁やリース企業にしてみれば，HDD のデータ消去を廃棄処理企業に依頼していたのではあるが，県庁で当該情報システムの利用が終了した後にデータ消去を実行していれば情報漏洩を防げたかもしれない。すべての HDD などのデータ消去の実施は難しく，外部に処理を依頼していることと本末転倒になってしまうが，システムの更新時に重要な情報だけでも利用者がデータ消去作業をしておくとよいといえる。

　この事件では，大手リース企業から当該県庁に「廃棄証明書」が届いていないようである。これは慣例的に廃棄証明書を発行，受け取りをしていないのか，事件が明るみになったので証明書発行を停止しているのか，リース会社の下請け企業（廃棄処理企業）との契約に不備があったのかわからないが，責任を明確にするためにも，日頃から必要な証明書の発行や受け取りを把握して確認しておくことは重要である。

　廃棄処理企業の社員が社内で機器の盗難を行って不正な収入を得ていたが，この社員は複数回社内で盗難をしていたとみられる。これは社内での管理体制に問題があったといえる。

9.3.2　漏洩情報の公開の例

　2012 年に世界大手コンピュータ企業の製品で使用されている OS デバイス情報の流出事件が発生した。クラッカー集団が Web サイトを開設し，入手した情報が記述されていると思われるテキストファイルを公開した。この事件では，当該 OS を使った機器の固有の番号（Unique Device IDentifier：UDID）やユーザー名などが流出したとされ，そのうちの 100 万 1 件分を公開したとクラッカー集団は主張している。また，この情報は FBI の捜査官のノートパソコンから入手したと主張している。FBI はこのことを否定しているが，Web サ

イトで公開されたため多くの人がこのテキストファイルを入手したと思われ，公開された内容が正しいことを確認したとするメディアも現れている。

　犯人は入手したとされる情報を販売するために情報の一部を公開したと思われるが，そうであれば大規模な情報漏洩事件が発生していたにもかかわらず当事者は認めていないことになる。犯人の主張が正しければ，なぜFBIが当該OSデバイスの情報を所持していたのかなど，情報漏洩事件だけでなく多くの疑問が出てくるが，真相は明らかになっていない。

　さらに，この事件に関係して「あなたのデバイスの情報が流出していませんか？」というWebサイトが公開された。このWebサイトではデバイスで使われているIDを入力すると，そのIDがこの流出事件で漏洩したかどうか調べるというものであった。このWebサイトが善意で公開されたのか，新たにID情報を得るために公開されたのかはわからない。

9.3.3　P2Pネットワークでの事例

　1990年代末からP2Pネットワークが話題となり，さまざまなアプリケーションが公開された。それに伴い，P2Pネットワークへの意図しないファイル流出を行うマルウェアも存在した。AntinnyはP2Pでファイル共有をするソフトウェアであるWinnyを利用したマルウェアで，Winnyを利用しているパソコンからWinnyネットワーク上にファイルを流出させる。2003年から2007年頃に被害が多く発生した。利用者が気づかないうちに，勝手にパソコンに保存されているファイルがアップロードされてしまい，写真や個人情報が記載されたファイルなどが大量に出回った。

　ネットワークに流出した情報（ファイル）は，すべて回収，削除することはほぼ不可能である。対象のネットワークでの流通がなくなったとしても，世界のどこかのコンピュータに保存されているかもしれず，それらをすべて検査して発見し，削除することは現実的には不可能である。

9.3.4 対策不備による事例

情報漏洩のおもな原因の一つに，脆弱性の対策不備がある。OSやソフトウェアにアップデート事項や修正ファイルが存在していてもそれを適用していなかったため，すでに周知されて対策も発表されている脆弱性につけ込み情報漏洩が発生する。

2011年に当時人気がありユーザーが世界中に存在していた携帯ゲーム機のネットワークで情報流出が確認された。氏名や住所，メールアドレス，誕生日，性別，ログインパスワードのハッシュ値，オンラインIDなどの個人情報が7 700万件，クレジットカード情報1 000万件が流出したおそれがあるとされた。これは，当該ネットワークを運用していたアプリケーションサーバに脆弱性が存在しその修正ファイルも配布されていたが，修正ファイルを適用することなく運用を続けていたため，その脆弱性から不正アクセスが発生したと発表されている。この例では，管理側が修正ファイルの適用をしていなかったことが原因である。

これだけ大規模なシステムでも単純な運用の不備が明らかになっており，情報セキュリティに対する組織などでの位置づけと，インシデントが発生したときの被害の大きさとの認識のズレが存在していたことになる。多くの組織で，何も起こらなければ情報セキュリティへの投資や要員は無駄になったと思われがちであるので，経営者も含めて情報セキュリティの重要性と正しい費用対効果への理解が必要である。

9.3.5 匿名掲示板の情報流出

2013年，有名な匿名掲示板のビューアと呼ばれるサービスの一つで，サーバから情報が漏洩し匿名掲示板に書き込みをした人の実名や住所，電話番号，クレジットカード情報とされる内容がTorにアップロードされた。クレジットカード番号とセキュリティコードが漏洩しただけでなく，匿名掲示板に不適切な書き込みをしていた人が特定されるなど，匿名掲示板特有の情報があったようである。

ネットの世界だけではないが，日頃から不適切な発言は慎むべきであり，特にネットの掲示板や SNS などの記録の残りやすいサービスでの書き込みは気をつけるべきである。

9.3.6　社員によるデータ持ち出しの例

2014 年，大手社会通信教育企業 から顧客の個人情報が漏洩したことが明らかとなった。情報漏洩の原因は，その企業のシステム開発・運用を行っていた情報システム開発企業が業務を委託していた社員が，データベースの情報およそ 3 万 5 000 件を名簿業者 3 社に売却していたことである。

社会通信教育企業 は，被害者に封書を送付し，お詫びの品として 500 円分の電子マネーギフトか図書カード，基金への寄付を選べるとし，Web サイトか同封のハガキを送付して手続きができるとした。被害者がお詫びの品の手続きをするには，500 円の価値と引き換えに現住所などの情報を改めて情報漏洩が発生した企業に登録することになる。この漏洩事件については，2023 年に損害賠償を求めた約 4 000 人に対し，一人当り 3 300 円の損害賠償の支払いを地裁が命じる判決が出ている。

9.4　情報漏洩の防止と対応

情報漏洩は内容が多岐にわたり，さまざまなシステムや要員で発生している。また，頻繁に発生しているだけでなく，世界規模での大規模な漏洩や国家機密などの漏洩も起きている。また，情報漏洩の被害者を狙ってさらに情報を取得するという疑わしい行為も見受けられ，自分が情報漏洩の被害者となっても事後も落ち着いて対応できるように知識と技術で備えることが重要である。

IPA は「情報漏洩対策のしおり」の中で，企業や組織の情報漏洩防止の七つのポイントとして，① 持ち出し禁止，② 安易な放置禁止，③ 安易な廃棄禁止，④ 不要な持ち込み禁止，⑤ 鍵をかけ，貸し借り禁止，⑥ 公言禁止，⑦ まず報告，を挙げている。また，情報漏洩が発生したら，① 発見・報告，② 初動対応，

③ 調査，④ 通知・報告・公表など，⑤ 抑制措置と復旧，⑥ 事後対応，を挙げている。詳しくは，IPA の Web サイトなどを参照するとよい。

　何より，日頃からどのような情報漏洩に関する攻撃や原因が発生しているのか，それへの対策の方法などを確認しておき，自分の身の回りで同じようなことが発生しうるか，発生したらどうすればよいかを考えておくことが重要である。発生しうるのであれば，対策がとれれば対策を施し情報漏洩がすでに起こっている兆候がないかなどを確認すべきである。

レポートワーク

【1】 過去 1 か月に発生した情報漏洩事件について調べ，原因，漏洩数についてまとめよ。

【2】 自分が使っていたノートパソコンが壊れた。新しいノートパソコンを買ったので捨てようと思う。ノートパソコンを捨てる前に何をすべきかについて，実施する順番に記述せよ。

【3】 たまたま（故意ではなく）友人がスマホを操作しているところを見て，友人のパスワードを知ってしまった。そのときあなたは何をするべきかについて，理想と現実に分け列挙せよ。

10

セキュリティマネジメント

10.1　情報セキュリティマネジメントとは

　情報セキュリティマネジメントとは「企業・組織における情報セキュリティの確保に組織的・体系的に取り組むこと」である[30]。セキュリティ要件は機密性，完全性，可用性であり，組織の中でセキュリティ要件の維持を継続することといえる。

　2001 年の「e-Japan 戦略」以降，国が中心となり大学や企業に対して「情報セキュリティマネジメント」の整備を進めている。2002 年には「大学における情報セキュリティポリシーの考え方」[31] を国立情報学研究所が発表し，まずは国立大学で「情報セキュリティポリシー」の策定を求めている。2007 年からは「高等教育機関の情報セキュリティ対策のためのサンプル規程集」を国立情報学研究所が発表し，具体的な大学における「情報セキュリティポリシー」の内容を示している[32]。このサンプル規程集はその後も継続的に改定されている。2010 年には経済産業省が「情報セキュリティガバナンス導入ガイダンス」[33] などの公表を行い，企業へのセキュリティガバナンスの導入を推進している。2014 年には「サイバーセキュリティ基本法」が施行され，サイバーセキュリティの確保についても規定されている（**図 10.1**）。

　2001 年には情報セキュリティマネジメントに対して組織的対策を実施している企業は 50 ％程度であったが，2013 年には 70 ％を超える企業が実施している[34]。この段階でも情報セキュリティ対策に対して，およそ 60 ％の企業は

```
・「e-Japan 戦略」
        内閣　　2001 年

・「大学における情報セキュリティポリシーの考え方」
        文部科学省，国立情報学研究所　　2002 年

・「高等教育機関の情報セキュリティ対策のためのサンプル規程集」
        国立情報学研究所　　2007 年

・「情報セキュリティガバナンス導入ガイダンス」等の公表について
        経済産業省　　2010 年

・「サイバーセキュリティ基本法」
        法律　　2014 年
```

図 10.1　情報セキュリティマネジメントの整備

「手間・コストが掛かる」，およそ 40 ％の企業は「対策をどこまでやるべきかがわからない」，およそ 30 ％の企業は「実施する知識・ノウハウがない」と回答していた[34]。

　2016 年から国家試験として「情報セキュリティマネジメント試験」[35] が創設されるなど，情報セキュリティマネジメントを担う人材育成が社会全体での課題と考えられるようになっている。2022 年の調査[36] では，何らかの情報セキュリティ対策を実施している企業は 98.4 ％とほとんどの企業で実施しているが，セキュリティポリシーを策定している企業は 40.7 ％と半数以下となっている。セキュリティ監査の実施については 23.7 ％と 1/4 程度となっている。

　このようにウイルス対策ソフトやファイアウォールの導入など情報セキュリティ対策は実施しているが，情報セキュリティマネジメントとなると，まだ対策が普及していないといえる。

10.2　情報セキュリティマネジメント体制

　企業などの組織では情報セキュリティをマネジメント（管理）する体制には，組織全体で統一された方針と，環境の変化や新たな脅威の発生への対応が必要である。具体的には，全体で統一的な方針として組織ごとの「セキュリ

ティポリシー」を定め，環境の変化や新たな脅威の発生に対応できるように
PDCA サイクルモデルを取り入れたセキュリティ制度に従って情報セキュリ
ティマネジメント体制を整え，継続的に対応していくことになる（**図 10.2**）。

> 企業や組織の情報セキュリティをマネジメント（管理）する
> 体制には
> 　① 全体で統一的な方針
> 　② 環境の変化や新たな脅威の発生への対応
> が必要である。

　　　　　　　　①　→　セキュリティポリシー

　　　　　　　　②　→　PDCA サイクルモデル

図 10.2　情報セキュリティマネジメント体制

10.2.1　情報セキュリティポリシー

　情報セキュリティポリシーとは，企業や組織が所有する情報資産の情報セ
キュリティ対策について，企業や組織が総合的・体系的かつ具体的にとりまと
めたものである。どのような情報資産をどのような脅威から，どのようにして
守るのかについての基本的な考え方，ならびに情報セキュリティを確保するた
めの体制，組織および運用を含めた規定であり，情報セキュリティ基本方針お
よび情報セキュリティ対策基準からなる [37]。

　情報セキュリティ基本方針で組織としての情報セキュリティに対する考え方
を規定し，情報セキュリティ対策基準で具体的な判断基準を示す。さらに附則
的な扱いになるが，これらを日常の業務の中で実践するために，実際に導入さ
れている情報システムの取扱いや業務の流れの中で何をすべきかを細かく記載
した情報セキュリティ実施手順などを加えた三つで構成される（**図 10.3**）。

　情報セキュリティ基本方針（executive policy）は，企業や組織における情報
セキュリティ対策に対する根本的な考え方を表すもので，企業や組織がどのよ
うな情報資産をどのような脅威からなぜ保護しなければならないのかを明らか
にし，企業や組織の情報セキュリティに対する取組み姿勢を示すものである。

図 10.3 セキュリティポリシーの構成

　情報セキュリティ対策基準（policy standard）は，「情報セキュリティ基本方針」に定められた情報セキュリティを確保するために遵守すべき行為および判断などの基準，つまり「基本方針」を実現するために何をやらなければいけないかを示すものである。さらに情報セキュリティ実施手順（procedure）などは，情報セキュリティポリシーには含まれないものの，対策基準に定められた内容を具体的な情報システムまたは業務において，どのような手順に従って実行していくのかを示すものである。情報セキュリティ実施手順などは，情報システムの新規導入や更新時などには，それに合わせて改定しつねに現用の情報システムの仕様に合わせる必要がある。

　現在では多くの企業や大学などで「情報セキュリティポリシー」が定められているので，ぜひ所属している組織の情報セキュリティポリシーを確認してほしい。

10.2.2　PDCA モデル

PDCA モデルとは，Plan-Do-Check-Act（サイクル）モデルの略称で，品質改善や環境マネジメントなどで用いられる手法であり，情報セキュリティマネジメントでも用いられている。つぎの四つのステップを繰り返す[38]（**図 10.4**）。

図 10.4 PDCA の情報セキュリティへの適用

① Plan：問題を整理し，目標を立て，その目標を達成するための計画を立てる。

② Do：目標と計画をもとに，実際の業務を行う。

③ Check：実施した業務が計画どおり行われて，当初の目標を達成しているかを確認し，評価する。

④ Act：評価結果をもとに，業務の改善を行う。

ステップ ④ のつぎは，またステップ ① に戻り四つのステップの繰り返しを続ける。この手法により，新しい脅威や技術，環境の変化にも対応して体制を継続することを目的とする。

10.2.3 ISMS

ISMS（Information Security Management System：情報セキュリティマネジメントシステム）は，国際的に用いられている情報セキュリティマネジメント制度である。日本では，財団法人日本情報処理開発協会（JIPDEC）が 2002 年から実施していたが，2018 年 4 月 2 日から，認定事業は一般社団法人情報マネジメントシステム認定センターに移管された[39]。企業や組織が，各自の情報資産を把握し，情報セキュリティ対策の実施内容を定めるが，企業や組織全体ではなく，一部の部門などだけでも取得できる。一般的には企業などの組織で担当部署や担当者がおり，PDCA サイクルを回して企業や組織が情報セキュリティマネジメントを実施する。JIS Q 27001（ISO/IEC 27001）を認証の基準として，第三者認証機関である ISMS 審査機関が審査を実施する。組織が要件

を満たしているとみなされると ISMS 認証を取得できる。

ISMS 適合性評価制度は「情報セキュリティマネジメントシステム（ISMS）適合性評価制度は，国際的に整合性のとれた情報セキュリティマネジメントシステムに対する第三者適合性評価制度である。本制度は，「わが国の情報セキュリティ全体の向上に貢献するとともに，諸外国からも信頼を得られる情報セキュリティレベルを達成することを目的とする。」[40] としている。ISMS は 1995 年に英国の情報セキュリティマネジメントシステムの規格として制定された BS7799 がもとになっている。

ISMS の登録組織数は，ISO が毎年公表しており[41]，2021 年は，1 位が中国，2 位が日本，3 位が英国となっている。2022 年には，日本では 7 000 組織を突破している[42]。

ISMS 認証を取得すると Web サイトや名刺に ISMS 取得マークを記載でき，情報セキュリティマネジメントへの取組みを対外的にも示すことができる。ISMS を実施している企業などでは，第三者機関による審査のほかに，社内でも担当の部署や社員が内部監査員として PDCA を回すために社内でチェック項目の作成や計画を作り，内部監査を実施して報告書を作成する。他の社員も PDCA の中で情報セキュリティマネジメントを実施する。

10.2.4　プライバシーマーク制度

プライバシーマーク制度は，日本産業規格「JIS Q 15001　個人情報保護マネジメントシステム－要求事項」に適合して，個人情報について適切な保護措置を講じる体制を整備している事業者などを評価して，その旨を示すプライバシーマークを付与し，事業活動に関してプライバシーマークの使用を認める制度である。消費者の目に見えるプライバシーマークで示すことによって，個人情報の保護に関する消費者の意識の向上を図ることと，適切な個人情報の取扱いを推進することによって，消費者の個人情報の保護意識の高まりにこたえ，社会的な信用を得るためのインセンティブを事業者に与えることを目的としている[43]。

　プライバシーマークの付与の対象は，国内に活動拠点をもつ事業者で，個人情報の保護を推進している企業に与えられる。2023 年 7 月 5 日現在で 17 480 社が付与業者となっている。ISMS と同じく付与されると Web サイトや名刺にマークを記載でき，個人情報の取扱いについて制度が整っていることを対外的にも示すことができる。

レポートワーク

【1】　自分が行っているセキュリティ対策について，それに費やした金額とともに列挙せよ。

【2】　所属している組織（学校や企業など）のセキュリティポリシーを確認し，制定された年月日と最終更新年月日を調べよ。

【3】　所属している組織の情報セキュリティ対策と体制を調べよ。

11

セキュリティ関連法規と標準

11.1 セキュリティ関連法規

11.1.1 不正アクセス禁止法

「不正アクセス行為の禁止等に関する法律」は略して「不正アクセス禁止法」とも呼ばれる。2000年2月13日に制定された。ネットワークを利用して不正にアクセスすることを禁じている法律である。ネットワークを経由しない不正アクセスは，この法律ではなく刑法などで罰せられる。2012年5月1日に改正，施行され，不正アクセス行為だけでなく，フィッシング（phishing）などの不正アクセスの準備行為の禁止と，不正アクセス行為の罰則が強化された。罰則規定としては，不正アクセス行為は「3年以下の懲役又は100万円以下の罰金」，不正アクセスの準備行為は「1年以下の懲役又は50万円以下の罰金」，不正アクセスを助長する行為は「30万円以下の罰金」となっている。

不正アクセスの準備行為は，他人のID，パスワードなどを不正に取得するフィッシングや，入手したID，パスワードなどを他人に提供する行為，他人のIDなどを不正に保管する行為などである。不正アクセスを助長する行為は，不正に入手した他人のID，パスワードを口頭で伝達したり，電子掲示板に掲示したり，販売したりする行為である。結果的に不正アクセスが行われていなくても罪に問われる。

11.1.2　不正指令電磁的記録に関する罪

「不正指令電磁的記録に関する罪」は，「コンピュータウイルスに関する罪」ともいわれる。2011年7月14日施行の刑法の改正により新設された罪である。正当な理由なく無断で他人のコンピュータで実行させる目的で不正指令電磁的記録を作成・提供／供用／取得・保管する行為に対する罪である。「不正司令電磁的記録」とは，マルウェアやマルウェアのソースコードなどを指す。罰則規定は，「電磁的記録不正作出及び供用罪」は「3年以下の懲役又は50万円以下の罰金」，「不正指令電磁的記録供用・同未遂罪」は「5年以下の懲役又は50万円以下の罰金」，「不正指令電磁的記録取得・保管罪」は「2年以下の懲役又は30万円以下の罰金」となっている。マルウェアを作成するだけでなく，マルウェアの実行ファイルを電子メールに添付して送信することや，Webサイトからダウンロードさせることも供用として罪になる。この法律ができる前はコンピュータウイルスのファイルをダウンロードできるWebサイトが存在していた。

　この法律ができた背景には，感染するとアニメの画像が表示され，その間にファイルの削除などの改竄行為が行われるマルウェア（当時はコンピュータウイルスと呼ばれることが多かった）を作成したとして，2008年に大学院生の男性が逮捕された。当時はマルウェアを作成したことで罪になる法律がなかったため，著作権の侵害として著作権法違反（公衆送信権侵害）の疑いで逮捕した。その後，その男性は自分で描いたイカやタコが表示されている間にファイルをイカやタコの画像ファイルにしてしまうマルウェアを作成し，2010年に再逮捕されている。このときはファイルを壊したとして「器物損壊容疑」で逮捕されている。そこで，マルウェアを作成したことで罪になる法律が必要ということで，「不正指令電磁的記録に関する罪」ができたといわれている。

11.1.3　電 子 署 名 法

「電子署名及び認証業務に関する法律」は略して「電子署名法」ともいわれる。この法律は「電磁的記録（電子文書等）は，本人による一定の電子署名が

行われているときは，真正に成立したものと推定する。」と定めており，手書き署名や押印と同等に電子署名が通用する法的基盤を整備することを目的としている。また，「認証業務に関し，一定の基準（本人確認方法等）を満たすものは国の認定を受けることができる。」としており，認証業務における本人確認などの信頼性を判断する目安を提供する。

11.1.4　e - 文 書 法

いわゆる「e-文書法」は，「民間事業者等が行う書面の保存等における情報通信の技術の利用に関する法律」と「民間事業者等が行う書面の保存等における情報通信の技術の利用に関する法律の施行に伴う関係法律の整備等に関する法律」の2法から構成されている。民間事業者などに対して法令で課せられている書面（紙）による保存などに代わり，電磁的記録による保存などを行うことを容認する法律である。この法律により，紙での保存から，電磁的記録（スキャナなど）による保存などを認めるようになった。

2015年度の改正でさらに電子署名が不要となり，2016年度の改正ではスマートフォン，デジタルカメラで撮影した領収書も電子保存できるようになった。

11.1.5　電子帳簿保存法

「電子計算機を使用して作成する国税関係帳簿書類の保存方法等の特例に関する法律」は「電子帳簿保存法」と呼ばれ，国税関係帳簿についての電磁的記録の保存に関する法律である。電子計算機（コンピュータ）を使用して国税関係書類を作成する場合に，電磁的記録の保存を認める内容となっている。この法律により，契約書，請求書，領収書などは，スキャナ保存（スキャナやスマートフォンで読み取っての保存）が認められる。

11.1.6　プロバイダ責任制限法

「プロバイダ責任制限法」は，権利侵害情報をプロバイダが削除した場合や，しなかった場合について，プロバイダの損害賠償責任の免責を規定する法律で

ある。権利侵害情報について，プロバイダが保有する発信者情報の開示を請求できる権利も規定している。

プロバイダの管理下にあるWebサイトなどでの違法な書き込みに対する，プロバイダの削除の可否を明確化している。Webサイトやブログなどのサービスにおける，誹謗中傷などに関する訴えに対して作られた法律で，違法な書き込みに対して，プロバイダが知っている書き込みをした人の情報を教えるかどうかの判断基準が示された。

11.2 知 的 財 産

11.2.1 知 的 財 産 権

「知的財産」と「知的財産権」は「知的財産基本法」で定義されている。知的財産とは「発明，考案，植物の新品種，意匠，著作物その他の人間の創造的活動により生み出されるもの（発見又は解明がされた自然の法則又は現象であって，産業上の利用可能性があるものを含む。），商標，商号その他事業活動に用いられる商品又は役務を表示するもの及び営業秘密その他の事業活動に有用な技術上又は営業上の情報をいう。」と定義されている。また，知的財産権とは「特許権，実用新案権，育成者権，意匠権，著作権，商標権その他の知的財産に関して法令により定められた権利又は法律上保護される利益に係る権利をいう。」と定義されている。

知的財産権は工業的保護に関する特許法，実用新案法，意匠法，商標法，商法，不正競争防止法と，文化的保護に関する著作権法の法律が定められている。

例えばスマートなデザインや物品のデザインを保護する「意匠権」，アンテナの特殊な収納構造や物品の構造や形状に係る考案を保護する「実用新案権」，ブランド名や商品やサービスに使用するマークを保護する「商標権」，液晶技術や発明を保護する「特許権」が関係する。

11.2.2　著作権と著作者人格権

著作物は，「思想又は感情を創作的に表現したものであつて，文芸，学術，美術又は音楽の範囲に属するもの」と著作権法で定められている。講演や論文，レポートなどの言語の著作物，楽曲や歌詞など音楽の著作物，舞踊やダンスなどの舞踊，無言劇の著作物，絵画，彫刻，漫画などの美術の著作物，芸術的な建物の建築の著作物，地図や学術的な図面，設計図，立体模型などの地図，図形の著作物，映画，アニメ，ゲームソフトの映像などの映画の著作物，写真やグラビアなどの写真の著作物，コンピュータ・プログラムのプログラムの著作物がある。

著作権（財産権）は，著作物を創作した人（著作者）に対して与えられる権利であり，複製権や上演権などがある。著作権は譲渡することができる。著作者人格権は，公表権や氏名表示権，同一性保持権であり，譲渡することができない。

著作権は，無方式主義であり，作品を登録することや，著作権者の明記などがなくても著作権は主張できる。複製の例外として家庭内のコピーは自由であるが，暗号の回避（プロテクト外し）は禁止されている。例えば，コピープロテクトが施されていない CD-ROM はコピーできるが，CCCD（Copy Control CD）や DVD，Blu-ray などはコピープロテクトが施されているので，家庭内でも違法となる。図書館などでの複製も制限付きで可能となっている。また，引用がわかるようにすれば，引用しての利用は可能である。教育目的の授業用教材としてのコピーは，保証金を支払えば可能（大学生 1 人当り 720 円 / 年）となっている。

11.2.3　著作権法の改正

著作権法はたびたび改正されており，今後もコンテンツのデジタル化やコンピュータネットワークの普及と利用の拡大により改正されていくと思われる。

2018 年の改正[44)] では，デジタル化・ネットワーク化の進展に対応した柔軟な権利制限規定の整備がされた。これにより，ビッグデータをサービスなどの

ために許諾なく活用しやすくなり，技術の進展に柔軟に対応できるような規定の改正がされた。また，教育の情報化に対応した権利制限規定の整備や，障害者の情報アクセス機会の充実に係る権利制限規定の整備，アーカイブの利活用促進に関する権利制限規定の整備もされている。

2020 年の改正[45)]では，2009 年の改正により違法となり，2012 年の改正で刑事罰化となった「違法ダウンロード」について，罰則が拡大された。映画や音楽に加え，漫画，雑誌，写真，小説，論文なども対象となり，海賊版だと知りながらダウンロードすることは違法となる。インターネットなどによる情報収集などを萎縮させないため例外規定もあり，スマートフォンのスクリーンショットに違法な画像が入り込んだ場合や，作品のごく一部分のダウンロードなどは例外とされている。

2021 年の改正[46)]では，インターネットの利用の普及に合わせた改正が行われた。テレビとインターネットにおける「同時配信」，「追っかけ配信」，「見逃し配信」の権利処理の簡略化が行われ，著作権者からの許諾処理がやりやすくなった。これは，「フタかぶせ（画面が黒くなったり，カットしたりしての放送）」対策である。また，図書館蔵書のインターネット送信が可能となり，絶版資料のインターネット送信が可能になった。

2023 年の改正[47)]では，DX 時代への対応が図られ，利用可否が不明確な著作物について，保証金を払うと時限的な利用を可能とすることや，立法・行政の著作物のインターネット送信が可能となった。また，海賊版被害の損害賠償額が増額されている。

11.3　個　人　情　報

11.3.1　個人情報とは

2003 年に成立した個人情報保護関連法（個人情報の保護に関する法律，行政機関の保有する個人情報の保護に関する法律，独立行政法人の保有する個人情報の保護に関する法律，情報公開・個人情報保護審査会設置法，行政機関の

保有する個人情報保護法等の施行に伴う関連法律の整備等に関する法律）により，国の行政機関や独立行政法人，地方公共団体や民間事業での個人情報の取扱いについて規定された。個人情報は保護をしなくてはならないが，さまざまなサービスで個人情報を活用することも重要であることから，個人情報の取扱いについて保護とサービスへの利用などの流通について国際的な基準が設定されてきた流れからである。急速な技術の進歩や普及に伴って，個人情報の取扱いについても変化していくため，個人情報保護委員会[48]を設置し3年ごとに検討して必要であれば法律改正を行う体制となっている。

　個人情報については「個人情報の保護に関する法律」の第二条で定義されている。まとめると，個人情報とは生存する個人に関する情報で，氏名，生年月日，住所，顔写真などにより個人を識別できる情報となる[49]。単体では特定の個人を識別できなくても，他の情報と容易に照合することができ，それにより個人を識別することができるものも含まれる。さらに，コンピュータで使うような番号や記号，符号などで，その情報から特定の個人を識別できる情報で，政令・規則で定められた「個人識別符号」が含まれるものも個人情報である。現在では，データベースなどの情報システムに個人情報を登録して，効率よく検索などができるようにすることが一般的である。この場合，登録されている個人情報を「個人データ」と呼ぶ。

　個人情報を取り扱うときの基本は，取得・利用，保管・管理，第三者提供，データ開示要求の対応の大きく四つについて決まっている。個人情報を取得するときや利用するときは，どのような目的で個人情報を利用するのか具体的に特定し，公表または本人に知らせなくてはならない。個人データを保管するには，情報漏洩が起きないように措置を講じなければならない。個人データを第三者に提供するときは，本人の同意を得て提供に関する記録を保存する必要がある。また，外国にある第三者に個人データを提供する場合には，適切な体制整備状況や所在地などを確認する必要もある。本人から個人データの開示や訂正，利用停止を求められたら対応しなければならない。また，個人データが漏洩した場合には，個人情報保護委員会や本人に通知しなければならない。

つまり，安易に個人情報を集めることはできず，個人情報を集める際には利用目的を説明し本人の同意を得る必要がある。また，その後も個人データに対しての開示や訂正などにも応じる必要があるため，窓口などの整備や実際の手続き方法や実施の手順なども決めておく必要がある。

11.3.2　パーソナルデータの利活用

世界中の人々の経済的・社会的福祉を向上させる政策を推進することをその使命として，欧米諸国，日本など36か国が加盟しているOECD（Organization for Economic Co-operation and Development：経済協力開発機構）は，各国政府が経済発展に協力するため，調査，予測，検討を行い，国際基準の設定などをしている。OECDから1980年に「プライバシー保護と個人データの国際流通に関するガイドライン」が発行された。加盟国の法律や政策によらず，プライバシーと個人の自由を保護し，プライバシーと情報の自由な国際流通を妨げないことを目的としている。加盟国はこれに従い国内法などの整備を実施した。日本では個人情報の保護に関する法律などである。この中で，八つの基本原則を示している。

この後，ICTの発達の普及によりビッグデータの活用による新たな産業の創出が盛んになり，第四次産業革命といわれるようになった。それに伴い，パーソナルデータの利活用のルールの曖昧さや，個人情報に関する事件などへの社会的な批判から，さらにパーソナルデータの収集・分析などのルールを明確化する動きとなった。

2013年6月27日，国内大手システムインテグレーター企業が交通系ICカードの履歴情報をもとにしたビッグデータ解析の活用として，「マーケティング情報」として販売するサービスを発表した。同年7月24日にはICカード運営企業が「ユーザーに許可をとることなく無断で利用データを販売した」と謝罪した。その後，このときICカード運営企業がシステムインテグレーターに販売した利用データには，個人を特定できる情報であることが判明し，個人情報，匿名加工情報の議論が深まるきっかけともなった。2015年の「個人情報

保護法」の改正では、「匿名加工情報」に関する制度の創設もされている。個人情報保護法は2015年、2020年、2021年と改正されており、「個人情報」の取扱いや活用、グローバル化への対応などへの対応が進められている。

　EUでは、2016年にGDPR（General Data Protection Regulation：一般データ保護規則）が制定された。これは、EU加盟国およびアイスランド、ノルウェー、リヒテンシュタインが制定した、EU域内の個人データ保護の規程である。1995年からの「EUデータ保護指令」では加盟国への法制化を決めていたが、GDPRではより厳格に効力をもつようになった。EUに加盟していない国でもEUに子会社、支店、営業所があり、EUに商品やサービスを提供、またはEUから個人データの処理の委託を受けている企業は対象となる。特にインターネットやWWWについて、GDPRではオンライン識別子（IPアドレス、Cookie）を個人情報とみなし、個人情報の取得にはユーザーの同意を必要とするとされている。このため、WebブラウザでWebサイトを表示すると、Cookieの利用について同意を求めるメッセージとボタンなどが表示されることが多くなった。

　このようにパーソナルデータについては、個人情報保護の立場と、データ流通の立場から、国際的な制度の調和が進められている。個人情報が含まれる情報をそのまま流通させて利活用するのでなく、分析や利活用を妨げないように個人情報を特定の個人を識別できないように加工した「匿名加工情報」や、他の情報と照合しない限り特定の個人を識別できない「仮名加工情報」としての流通や利活用が重要である。どのように加工すれば匿名加工情報になるのか、匿名加工情報であることの証明などについては、今後も議論や研究が進む分野である。国際的に新たな規則ができたり、法律の改正が頻繁に行われたりしているので、つねに最新の情報に気をつけておくべきである。

11.4　標準化組織と関連規格

　標準化（standardization）とは、「自由に放置すれば、多様化、複雑化、無

秩序化する事柄を少数化，単純化，秩序化すること」であり，標準（＝規格：standards）は，標準化によって制定される「取り決め」と定義される[50]。さまざまな製品や仕組みなどが標準化されて標準が制定されているので，メーカーや組織，国や地域などにわたって多くのものやことが円滑に使え，交流できているのである。

　情報セキュリティに直接関係することや，直接関係しなくても情報セキュリティが対象とするものなどに関係する標準は多く存在する。ここでは標準を制定する標準化組織について紹介する。また，インターネットをはじめとする情報通信分野では，ある組織などが決めたものではなく，デファクトスタンダードとして広まった技術も多い。それらの技術についても，関連する組織があり，その組織を中心に事実上の標準が定められていることが多い。そのような組織も併せて紹介する。

11.4.1 国 際 組 織

　情報セキュリティ分野に関係するおもな国際的な組織について紹介する。用語の定義や各種制度，技術的な仕様などの詳細はそれぞれの組織の情報を参照すること。

- ・ISO（International Organization for Standardization：国際標準化機構）[51]
  「国家間の製品やサービスの交換を助けるために，標準化活動の発展を促進すること」と「知的，科学的，技術的，そして経済的活動における国家間協力を発展させること」を目的とする。

  　会員数：169 の国家標準化機関

- ・IEC（International Electrotechnical Commission：国際電気標準会議）[52]
  「電機及び電子の技術分野における標準化のすべての問題及び規格適合性評価のような関連事項に関する国際協力を促進し，これによって国際理解を促進すること」を目的とする。

  　会員数：89 か国

- ・ITU（International Telecommunication Union：国際電気通信連合）[53]

「電気通信の改善と合理的利用のため国際協力を増進し，電気通信業務の能率増進，利用拡大と普及のため，技術的手段の発達と効率的運用の促進」を目的とする。

　193か国と900以上の企業，大学，研究機関，国際機関が加盟

・IEEE（Institute of Electrical and Electronic Engineers）[54]

学会であるが，コンピュータ関係の規格の制定も行っている。

　　関連する規格

　　　　－ IEEE 802 シリーズ：LAN の規格

　　　　－ IEEE1394：デジタルビデオカメラなどの規格

・IETF（Internet Engineering Task Force）[55]

インターネットに関する規格の制定を行っている。

　　関連する規格

　　　　－ RFC: 791　IP（Internet Protocol）

　　　　－ RFC: 793　TCP（Transmission Control Protocol）

・W3C（World Wide Web Consortium）[56]

WWW（World Wide Web）に関する規格の勧告を行っている。

　　関連する規格

　　　　－ HTML（2019年まで，それ以降は WHATWG community が策定）

　　　　－ CSS

　　　　－ XML

・WHATWG（Web Hypertext Application Technology Working Group）[57]

HTML の標準を開発している。2004年に W3C の HTML に対する方針などに懸念をもった Apple，Mozilla Foundation，Opera Software が設立した。

・OASIS（Organization for the Advancement of Structured Information Standards）[58]

1993年に SGML Open という名称で設立された，XML などによる Web を用いた組織間の情報交換に関する標準化を行っている。

　関連する規格

　　－ SAML

　　－ WS-Security

・Wi-Fi Alliance[59]

2002 年に無線 LAN 機器の相互接続性の認定を行っていた業界団体 WECA
（Wireless Ethernet Compatibility Alliance）から名称変更した。無線 LAN
関係の製品の相互接続性の認定，電波の周波数割り当ての提言などを行っ
ている。

　関連する規格

　　－ Wi-Fi

11.4.2 国 内 組 織

情報セキュリティ分野に関係する国内組織について紹介する。国際組織で制
定された内容を国内規格として制定していることもある。

・JSA（Japanese Standards Association：日本規格協会）[60]

工業標準化および品質管理を普及，推進し，社会生活の向上を目指してい
る。

・JISC（Japanese Industrial Standards Committee：日本産業標準調査会）[61]

工業標準化法に基づいて経済産業省に設置されている審議会で，工業標準
化全般に関する調査・審議を行っている。

JIS（日本産業規格）の制定，改正などに関する審議などを行っている。

レポートワーク

【1】 最新の著作権の改正内容について調べよ。

【2】 情報セキュリティに関係する法律の条文を確認せよ。

【3】 情報セキュリティに関係する標準化組織の Web サイトを確認し，代表的な規格
　　についての Web ページを調べよ。

引用・参考文献

1) OECD : OECD Guidelines for the Security of Information Systems and Networks: Towards a Culture of Security,
https://www.oecd.org/sti/ieconomy/oecdguidelinesforthesecurityofinformation systemsandnetworkstowardsacultureofsecurity.htm（2023-11-20 参照）

2) ISO : ISO/IEC 27000:2018 Information technology Security techniques Information security management systems,
https://www.iso.org/standard/73906.html（2023-11-20 参照）

3) Microsoft : Microsoft Security Bulletin MS17-010 - Critical | Microsoft Learn,
https://learn.microsoft.com/en-us/security-updates/securitybulletins/2017/ms17-010（2023-11-20 参照）

4) U.S. DEPARTMENT OF COMMERCE/National Institute of Standards and Technology : DATA ENCRYPTION STANDARD (DES),
https://csrc.nist.gov/files/pubs/fips/46-3/final/docs/fips46-3.pdf（2023-11-20 参照）

5) Bruce Schneier : SHA-1 Broken - Schneier on Security,
https://www.schneier.com/blog/archives/2005/02/sha1_broken.html（2023-11-20 参照） ·

6) Google 透明性レポート : ウェブ上での HTTPS 暗号化,
https://transparencyreport.google.com/https/overview（2023-11-20 参照）

7) JVN iPedia : JVN iPedia - 脆弱性対策情報データベース,
https://jvndb.jvn.jp/ja/contents/2005/JVNDB-2005-000902.html（2023-11-20 参照）

8) 東日本旅客鉄道株式会社 :「SHA-2」方式非対応の携帯情報端末およびパソコン, ならびに IE6.0 以前等のブラウザをご利用のお客さまへ,
https://www.jreast.co.jp/mobilesuica/new_s/sha220160307.html（2023-11-20 参照）

9) 地方公共団体情報システム機構 : 公的個人認証サービスとは | 公的個人認証サービス ポータルサイト,
https://www.jpki.go.jp/（2023-11-20 参照）

10) L. Blunk, J. Vollbrecht : PPP Extensible Authentication Protocol (EAP). RFC2284, March 1998.,
https://www.rfc-editor.org/info/rfc2284（2023-11-20 参照）

11) P. A. Grassi, M. E. Garcia, and J. L. Fenton : NIST Special Publication 800-63-3 Digital Identity Guidelines, June 2017., https://csrc.nist.gov/pubs/sp/800/63/3/upd2/final（2023-11-20 参照）

12) OpenID Foundation : OpenID, https://openid.net/（2023-11-20 参照）

13) Internet2 : Federated Services User Guide, https://internet2.edu/security/federated-services-user-guide/（2023-11-20 参照）

14) 国立情報学研究所 : 学術認証フェデレーション学認 GakuNin, https://www.gakunin.jp/（2023-11-20 参照）

15) GÉANT : eduroam, https://eduroam.org/（2023-11-20 参照）

16) 国立情報学研究所 : eduroam, https://www.eduroam.jp/（2023-11-20 参照）

17) 総務省 : 国民のためのサイバーセキュリティサイト，不正アクセス行為の禁止等に関する法律, https://www.soumu.go.jp/main_sosiki/cybersecurity/kokumin/basic/basic_legal_09.html（2023-11-20 参照）

18) 情報処理推進機構 : 届出・相談・情報提供, https://www.ipa.go.jp/security/todokede/（2023-11-20 参照）

19) 情報処理推進機構 : コンピュータウイルス・不正アクセスに関する届出について, https://www.ipa.go.jp/security/outline/todokede-j.html（2023-11-20 参照）

20) JPCERT/CC, IPA : JVNVU#98283300 SSLv3 プロトコルに暗号化データを解読される脆弱性（POODLE 攻撃）, https://jvn.jp/vu/JVNVU98283300/（2023-11-20 参照）

21) Mathy Vanhoef : KRACK Attacks: Breaking WPA2, https://www.krackattacks.com/（2023-11-20 参照）

22) JPCERT/CC, IPA : JVNVU#90609033 Wi-Fi Protected Access II（WPA2）ハンドシェイクにおいて Nonce およびセッション鍵が再利用される問題, https://jvn.jp/vu/JVNVU90609033/（2023-11-20 参照）

23) Wi-Fi Alliance : Wi-Fi Alliance introduces Wi-Fi CERTIFIED WPA3 security, https://www.wi-fi.org/news-events/newsroom/wi-fi-alliance-introduces-wi-fi-certified-wpa3-security（2023-11-20 参照）

24) Mathy Vanhoef, Eyal Ronen : DRAGONBLOOD Analysing WPA3's Dragonfly Handshake,

https://wpa3.mathyvanhoef.com/（2023-11-20 参照）

25) JPCERT/CC, IPA : JVNVU#94228755 WPA3 のプロトコルと実装に複数の脆弱性,
https://jvn.jp/vu/JVNVU94228755/（2023-11-20 参照）

26) Backblaze の HDD SSD の故障調査,
https://www.backblaze.com/（2023-11-20 参照）

27) IPA : セキュアな Web サーバーの構築と運用に関するコンテンツ, 8.1.2 セキュ
リティ維持作業, 3) バックアップ,
https://www.ipa.go.jp/security/awareness/administrator/secure-web/（2023-11-20
参照）

28) 東京商工リサーチ : 個人情報漏えい・紛失事故 2 年連続最多を更新 件数は 165
件, 流出・紛失情報は 592 万人分～2022 年「上場企業の個人情報漏えい・紛失
事故」調査～,
https://www.tsr-net.co.jp/data/detail/1197322_1527.html（2023-11-20 参照）

29) NordPass : Top 200 Most Common Passwords List,
https://nordpass.com/most-common-passwords-list/（2023-11-20 参照）

30) 総務省 : 国民のためのサイバーセキュリティサイト, 情報セキュリティマネジメ
ントとは,
https://www.soumu.go.jp/main_sosiki/cybersecurity/kokumin/business/business_
executive_04.html（2023-11-20 参照）

31) 大学の情報セキュリティポリシーに関する研究会 : 大学における 情報セキュリ
ティポリシー の考え方, 平成 14 年 3 月 29 日,
https://www.nii.ac.jp/service/sp/doc/toshin2001.pdf（2023-11-20 参照）

32) 国立情報学研究所 : 高等教育機関における情報セキュリティポリシー策定につい
て,
https://www.nii.ac.jp/service/sp/（2023-11-20 参照）

33) 経済産業省 : 情報セキュリティガバナンス導入ガイダンス, 平成 21 年 6 月

34) 経済産業省 : 平成 25 年度我が国情報経済社会における基盤整備（情報処理実態
調査の分析及び調査設計等事業）調査報告書, 平成 26 年 5 月

35) IPA : 情報セキュリティマネジメント試験とは,
https://www.ipa.go.jp/shiken/kubun/sg/about.html（2023-11-20 参照）

36) 総務省 情報流通行政局 : 令和 4 年 通信利用動向調査報告書（企業編）,
https://www.soumu.go.jp/johotsusintokei/statistics/pdf/HR202200_002.pdf（2023-
11-20 参照）

37) 情報セキュリティ対策推進会議 : 情報セキュリティポリシーに関するガイドライ

ン，平成 12 年 7 月 18 日，

https://dl.ndl.go.jp/pid/3531232/1（2023-11-20 参照）

38) 総務省：国民のためのサイバーセキュリティサイト，情報セキュリティマネジメ
ントの実施サイクル，

https://www.soumu.go.jp/main_sosiki/cybersecurity/kokumin/business/business_
executive_04-1.html（2023-11-20 参照）

39) 情報マネジメントシステム認定センター：情報マネジメントシステム認定セン
ター（ISMS-AC），

https://isms.jp/（2023-11-20 参照）

40) 情報マネジメントシステム認定センター：情報セキュリティマネジメントシステ
ム（ISMS）適合性評価制度の概要，

https://isms.jp/isms/about.html（2023-11-20 参照）

41) ISO : The ISO Survey,

https://www.iso.org/the-iso-survey.html（2023-11-20 参照）

42) 情報マネジメントシステム認定センター：ISMS 認証登録数 7,000 件突破のお知
らせ，

https://isms.jp/topics/news/20220901.html（2023-11-20 参照）

43) 一般財団法人日本情報経済社会推進協会（JIPDEC）：プライバシーマーク制度，

https://privacymark.jp/system/about/outline_and_purpose.html（2023-11-20 参照）

44) 文化庁：著作権法の一部を改正する法律（平成 30 年法律第 30 号）について，

https://www.bunka.go.jp/seisaku/chosakuken/hokaisei/h30_hokaisei/（2023-11-20
参照）

45) 文化庁：令和 2 年通常国会 著作権法改正について，

https://www.bunka.go.jp/seisaku/chosakuken/hokaisei/r02_hokaisei/（2023-11-20
参照）

46) 文化庁：令和 3 年通常国会 著作権法改正について，

https://www.bunka.go.jp/seisaku/chosakuken/hokaisei/r03_hokaisei/（2023-11-20
参照）

47) 文化庁：令和 5 年通常国会 著作権法改正について，

https://www.bunka.go.jp/seisaku/chosakuken/hokaisei/r05_hokaisei/（2023-11-20
参照）

48) 個人情報保護委員会：個人情報保護委員会，

https://www.ppc.go.jp/（2023-11-20 参照）

49) 政府広報オンライン：「個人情報保護法」をわかりやすく解説 個人情報の取扱い

ルールとは？，

https://www.gov-online.go.jp/useful/article/201703/1.html（2023-11-20 参照）

50) 日本産業標準調査会：産業標準化と JIS，

https://www.jisc.go.jp/jis-act/（2023-11-20 参照）

51) ISO : ISO – International Organization for Standardization,

https://www.iso.org/（2023-11-20 参照）

52) IEC : Homepage,

https://iec.ch/（2023-11-20 参照）

53) ITU : ITU: Committed to connecting the world,

https://www.itu.int/（2023-11-20 参照）

54) IEEE : IEEE – The world's largest technical professional organization dedicated to advancing technology for the benefit of humanity.,

https://www.ieee.org/（2023-11-20 参照）

55) IETF : Internet Engineering Task Force,

https://www.ietf.org/（2023-11-20 参照）

56) W3C : W3C,

https://www.w3.org（2023-11-20 参照）

57) WHATWG : Web Hypertext Application Technology Working Group（WHATWG），

https://whatwg.org/（2023-11-20 参照）

58) OASIS : OASIS Open Home,

https://www.oasis-open.org/（2023-11-20 参照）

59) Wi-Fi Alliance : Wi-Fi Alliance,

https://www.wi-fi.org/（2023-11-20 参照）

60) 日本規格協会：標準化で，世界をつなげる | 日本規格協会（JSA），

https://www.jsa.or.jp/（2023-11-20 参照）

61) 日本産業標準調査会：JISC 日本産業標準調査会，

https://www.jisc.go.jp/（2023-11-20 参照）

索　引

―― 著 者 略 歴 ――

1994 年　宇都宮大学工学部電気電子工学科卒業
1997 年　宇都宮大学大学院工学研究科博士前期課程修了（電気電子工学専攻）
2000 年　宇都宮大学大学院工学研究科博士後期課程修了（生産・情報工学専攻），博士（工学）
2001 年　宇都宮大学助教
2005 年　東北工業大学講師
2008 年　東北工業大学准教授
2021 年　東北工業大学教授
　　　　　現在に至る

IT 技術者を目指す人の
情報セキュリティ入門
Introduction to Information Security for Aspiring IT Engineers　　ⓒ Masahiro Matsuda 2024

2024 年 4 月 30 日　初版第 1 刷発行　　　　　　　　　　　　　　　　　　★

検印省略	著　者	松　田　勝　敬
	発 行 者	株式会社　コロナ社
	代 表 者	牛　来　真　也
	印 刷 所	壮光舎印刷株式会社
	製 本 所	株式会社　グリーン

112-0011　東京都文京区千石 4-46-10
発 行 所　株式会社 コロナ社
CORONA PUBLISHING CO., LTD.
Tokyo Japan
振替00140-8-14844・電話(03)3941-3131(代)
ホームページ　https://www.coronasha.co.jp

ISBN 978-4-339-02944-4　C3055　Printed in Japan　　　　　　（齋藤）

コンピュータサイエンス教科書シリーズ

（各巻A5判，欠番は品切または未発行です）

■編集委員長　曽和将容
■編集委員　　岩田　彰・富田悦次

定価は本体価格+税です。
定価は変更されることがありますのでご了承下さい。

||||||||||||||||||||| 図書目録進呈◆